(a) 原　　画

(b) 1ビット画像
（ハーフトーンがない画像）

(c) 2ビット画像
（階調4段階の画像）

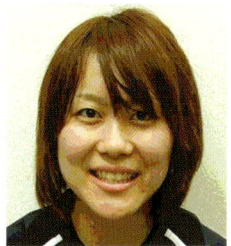
(d) 3ビット画像
（階調8段階の画像）

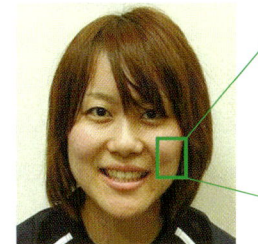
(e) 4ビット画像
（階調16段階の画像。小さい画像だと欠点がわかりにくい）

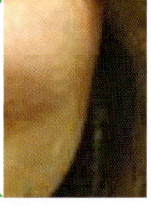
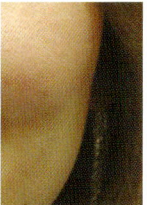
（拡大するとなだらかに変化している部分に不自然さが見える）
（8ビット画像の場合はなだらかに変化して不自然さがない）

(f) 60×70画素の画像
（画素が粗い画像の一例）

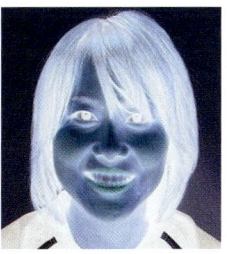
(g) ネガ画像
（カメラの信号を逆転させると容易にネガ画像が作れる）

口絵1　カラー画質と解像度

(a) CCDのスミア
（懐中電灯のフィラメントから垂直方向に光が伸びる）

(b) 素地ノイズの一例
（ざらざらノイズが見える）

口絵2　撮像デバイスの不具合の例

(a) 光学 LPF なしの画像
(偽のリング，偽の色があちこちに見える)

(b) 光学 LPF 挿入時の画像
(リングも色もほとんどない)

口絵 3 偽色信号の実際

(a) 色温度が高い場合
($-2\,700\,\mathrm{K}$)

(b) 原　　　画

(c) 色温度が低い場合
($+2\,300\,\mathrm{K}$)

口絵 4 照明の色温度の違いによる画像

(a) 通常の CMOS カメラの画像
(カラーチャートに合わせるとライトボックスの色が見えない)

(b) WDR 方式 CMOS カメラの画像
(カラーチャートに合わせてもライトボックスの色が見える)

口絵 5 広ダイナミックレンジ (WDR) の効果

(a) 静止画像
(メトロノームの紙がぽけない)

(b) 動画像
(メトロノームの紙がぽける)

口絵 6 残像の画像

CCD・CMOSカメラ技術入門

工学博士 竹村裕夫 著

コロナ社

まえがき

　カメラで撮影する，撮像技術は1950年代にテレビジョン放送とともに，NHKを中心とした放送機関とメーカが一致協力して輝かしい進展を遂げてきた。1980年代には，家庭用のビデオ機器の普及に伴い，ビデオカメラとしてわれわれの日常生活にも欠かせない電気製品となった。

　その後，マルチメディア社会の出現と騒がれ，職場に，家庭に，コンピュータがパソコン（パーソナルコンピュータ）として入り込み，フィルムの写真機からデジタルカメラへ，音声の固定電話機からカメラ付きの携帯電話へと大きな変革があった。どちらも撮像技術が大きな役割を果たしてきた。

　本書は，これらの撮像技術，カメラ技術の基本をわかりやすく解説した参考書である。カメラがどういう仕組みでできているかということに関心を持たれた一般の方々，これから撮像技術について学びたいと意欲を燃やしている学生諸君，新たに画像関連の業務に就かれる新入社員の皆さん，これらの方々にカメラの技術を正しく伝えたい，研究開発と物つくりの嬉しさを味わってほしいという願いを込めて執筆したものである。

　また，カメラに関する必要なデータ，資料，文献をできるだけ多く掲載し，専門家の方々にもアイデアを考えるに当って，参考になるように心がけた。

　カラー画像をよくしたいという諸先輩の研究開発の成果を礎にして，家庭用に安心して使える，使いやすいカメラに仕立て上げたのは，実は日本の技術者なのである。この十数年間で日本のカメラは全世界に輸出され，世界中の方々に感動と喜びをもたらした。現在でも，国内電気製品の生産実績でみると，半分以上がカメラ関連製品で占められ，わが国の産業を支え，雇用創出の大きな

力となっている事実は誠に喜ばしい限りである。

本書は，このような側面にも触れてみたい。

いまでは当たり前のマイクロカメラ（親指カメラ），この研究開発はアンダーザテーブル（正規の開発テーマに隠れて密かに行う）であった。試作品をある展示会で見せたところ，当時の社長が「これは凄(すご)い，是非，製品化しよう」という一言。これで日の目を見て，世界初のマイクロカメラが出現した。カメラは箱型のもの，指でつまんでどこでも写せるという発想は，それまでなかったのである。

1章ではカメラの基本技術を述べ，2章でカメラの要となるCCD，CMOSセンサなどの撮像デバイス，3章ではこれらの特性と動作を解説した。4章で撮像に密接にかかわりのある撮像レンズと光学系を紹介した。5章でカラー撮像方式，6章でカメラの信号処理技術を解説し，7章でカメラの実際を紹介した。

なお，本書は「CCDカメラ技術入門」（1997年12月コロナ社刊）を基に，大幅に書き改めたものであり，一部に重複する部分があることをご了解いただきたい。

本書を執筆するにあたり，多くの技術者の方々にご協力いただいた。これらの方々，および，執筆にあたり，お世話になったコロナ社の関係者に感謝する。

2008年3月

著　者

目　　　次

1. カメラの基礎

1.1 カメラ技術の変遷 ……………………………………………………… *1*
1.2 撮像の基本 ……………………………………………………………… *2*
1.3 画像の性質 ……………………………………………………………… *4*
　1.3.1 画　　　素 ………………………………………………………… *4*
　1.3.2 光 電 変 換 ………………………………………………………… *5*
　1.3.3 走　　　査 ………………………………………………………… *6*
　1.3.4 解　像　度 ………………………………………………………… *7*
　1.3.5 波 形 特 性 ………………………………………………………… *8*
1.4 テレビジョン方式 ……………………………………………………… *9*
　1.4.1 NTSC 方 式 ……………………………………………………… *10*
　1.4.2 PAL 方 式 ………………………………………………………… *13*
　1.4.3 SECAM 方式 ……………………………………………………… *13*
　1.4.4 デジタルテレビジョン方式 ……………………………………… *13*
　1.4.5 撮 像 特 性 ………………………………………………………… *15*

2. 撮像デバイス

2.1 CCD と CMOS センサ ………………………………………………… *17*
2.2 電荷の転送 ……………………………………………………………… *19*
　2.2.1 MOS 構 造 ………………………………………………………… *19*

| 2.2.2 電荷の蓄積と転送 ································· 20
| 2.2.3 4 相 駆 動 ································· 22
| 2.2.4 2 相 駆 動 ································· 24
| 2.3 CCD 撮像デバイス ································· 25
| 2.3.1 各種 CCD 撮像デバイス ································· 25
| 2.3.2 IT-CCD ································· 25
| 2.3.3 FF-CCD ································· 27
| 2.3.4 FT-CCD ································· 28
| 2.3.5 FIT-CCD ································· 28
| 2.3.6 全画素読出し IT-CCD ································· 29
| 2.3.7 リ ニ ア CCD ································· 29
| 2.4 CCD の 構 造 ································· 30
| 2.4.1 ホトダイオード ································· 31
| 2.4.2 色 フ ィ ル タ ································· 32
| 2.4.3 転 送 電 極 部 ································· 33
| 2.4.4 転送部転送方向の構造 ································· 33
| 2.5 CMOS センサ ································· 34
| 2.5.1 経   緯 ································· 34
| 2.5.2 画 素 の 構 造 ································· 35
| 2.5.3 CMOS センサの特徴 ································· 36
| 2.5.4 単位セル内増幅器 ································· 37
| 2.6 撮像デバイスの歩み ································· 38
| 2.6.1 撮像デバイスの歩み ································· 38
| 2.6.2 固体撮像デバイスの歩み ································· 39
| 2.6.3 他の撮像デバイスの歩み ································· 40

3. CCD，CMOS センサの特性と動作

 3.1 CCD, CMOS センサの特性 ································· 42
      3.1.1 感   度 ································· 42
      3.1.2 光電変換特性 ································· 43
      3.1.3 暗 電 流 ································· 44

3.1.4 ブルーミング ………………………………………… 44
3.1.5 ス ミ ア ………………………………………… 45
3.1.6 残　　　　像 ………………………………………… 46
3.1.7 モ ア レ ………………………………………… 47
3.1.8 ノ イ ズ ………………………………………… 48
3.1.9 解 像 度 ………………………………………… 50
3.1.10 傷 欠 陥 ………………………………………… 52
3.1.11 画像ひずみとシェージング ……………………………… 52
3.2 CCD の 駆 動 ………………………………………………… 52
3.2.1 IT-CCD の基本動作 ……………………………………… 53
3.2.2 IT-CCD の動作のポイント ……………………………… 56
3.3 CMOS センサの駆動 ………………………………………… 62
3.3.1 ローリングシャッタ ……………………………………… 62
3.3.2 グローバルシャッタとローリングシャッタ …………… 64
3.4 WDR 技 術 ………………………………………………… 66
3.4.1 ダイナミックレンジとは ………………………………… 66
3.4.2 広ダイナミックレンジの基本 …………………………… 67
3.4.3 広ダイナミックレンジ技術 ……………………………… 69
3.4.4 イメージセンサによる広ダイナミックレンジ技術 …… 70
3.4.5 カメラによる広ダイナミックレンジ技術 ……………… 71

4. 撮像レンズと光学系

4.1 撮像レンズ …………………………………………………… 76
4.1.1 口径比と明るさ …………………………………………… 77
4.1.2 面 照 度 ………………………………………… 78
4.1.3 シェージング ……………………………………………… 79
4.1.4 解 像 度 ………………………………………… 80
4.1.5 理想レンズ ………………………………………………… 81
4.1.6 ザイデルの 5 収差 ………………………………………… 82
4.1.7 被 写 界 深 度 ………………………………………… 85
4.1.8 パンフォーカス …………………………………………… 86

4.2 光学系 ……………………………………………………………… 86
　4.2.1 眼の特徴 …………………………………………………… 86
　4.2.2 光 …………………………………………………………… 89
　4.2.3 色 …………………………………………………………… 90
　4.2.4 照明 ………………………………………………………… 97
　4.2.5 色分解光学系 ……………………………………………… 101
　4.2.6 光学 LPF …………………………………………………… 105

5. カラー撮像方式

5.1 カラー撮像の原理 ………………………………………………… 110
5.2 3 板式 ……………………………………………………………… 111
　5.2.1 特性 ………………………………………………………… 111
　5.2.2 撮像デバイスと色分解プリズムとの接合 ……………… 112
　5.2.3 画素ずらし ………………………………………………… 113
5.3 単板式 ……………………………………………………………… 116
　5.3.1 特性 ………………………………………………………… 116
　5.3.2 色フィルタアレイ ………………………………………… 118
　5.3.3 色差順次方式 ……………………………………………… 118
　5.3.4 ベイヤー方式 ……………………………………………… 123
　5.3.5 その他 ……………………………………………………… 125
　5.3.6 デモザイキング …………………………………………… 128

6. 信号処理技術

6.1 電荷の検出 ………………………………………………………… 133
6.2 雑音抑圧回路 ……………………………………………………… 135
6.3 傷欠陥補正回路 …………………………………………………… 137
6.4 映像信号処理回路 ………………………………………………… 140
　6.4.1 輪郭補正回路 ……………………………………………… 141
　6.4.2 クランプ回路 ……………………………………………… 142

  6.4.3 ガンマ補正回路 ……………………………………………… *143*
  6.4.4 ニースロープ回路, ホワイトクリップ回路 …………… *144*
  6.4.5 リニアマトリックス回路 ………………………………… *145*
  6.4.6 肌　色　補　正 …………………………………………… *147*
  6.4.7 シェージング補正 ………………………………………… *148*
  6.4.8 フ　レ　ア　補　正 ……………………………………… *148*
  6.4.9 AGC ……………………………………………………… *149*
  6.4.10 出　力　回　路 …………………………………………… *149*
 6.5 単板式に特有な回路 ……………………………………………… *150*
  6.5.1 垂直偽色信号抑圧回路 …………………………………… *150*
  6.5.2 トラッキング補正回路 …………………………………… *151*
  6.5.3 高輝度着色防止回路 ……………………………………… *152*
  6.5.4 低彩度圧縮回路 …………………………………………… *153*
  6.5.5 オフセット調整 …………………………………………… *153*
 6.6 画　質　改　善 …………………………………………………… *154*

7.　カラーカメラの実際

 7.1 カラーカメラの推移 ……………………………………………… *157*
 7.2 カメラの機能 ……………………………………………………… *162*
  7.2.1 自　動　露　光 …………………………………………… *163*
  7.2.2 オートフォーカス ………………………………………… *164*
  7.2.3 オートホワイトバランス ………………………………… *167*
  7.2.4 自動揺れ補正 ……………………………………………… *169*
  7.2.5 顔　検　出 ………………………………………………… *171*
 7.3 カメラの小型化・高密度実装 …………………………………… *173*
 7.4 デジタルカメラ …………………………………………………… *174*
  7.4.1 電子スチルカメラ ………………………………………… *174*
  7.4.2 デジタルカメラ …………………………………………… *175*
  7.4.3 一眼レフカメラ …………………………………………… *176*
 7.5 放送用・業務用カメラ …………………………………………… *179*

7.5.1	放送用カメラ	179
7.5.2	業務用カメラ	181
7.5.3	マイクロカメラ	183
7.5.4	電子内視鏡	185
7.5.5	立体カメラ	186
7.5.6	車載カメラ	192

付　　　　録	196
引用・参考文献	200
索　　　　引	211

1 カメラの基礎

1.1 カメラ技術の変遷

　カメラ技術はテレビジョン放送とともに進歩してきた。

　1940年代から1950年代のテレビジョン黎明期には白黒で何とか画像が撮れる，ハーフトーンが再現されるという時代であった。その後，1964年の東京オリンピックでは，国産のカラーカメラが入場式の風景を鮮やかに映し出すことに成功，国立競技場の大観衆の中で，坂井選手の持つ聖火の煙がたなびく姿が眼に焼きついている。その後，大阪万国博で世界各国の踊りや民族衣装が毎晩放映されるに至って，カラーカメラの画質が向上し，カラーテレビの普及が急速に進んだ。

　その後，ビデオカメラ，デジタルカメラ，カメラ付き携帯電話などの家庭用機器が普及するにつれ，目的とするカメラがいろいろと変化して，それぞれに特有の技術が進歩してきた。

　他の産業は一つの製品が完成し，普及するとやがては衰退の道をたどったのに対して，カメラ技術はつぎつぎに形を変えて，新製品を生み出していった。

　表1.1に，主要なカメラと牽引してきたカメラ技術を時代とともに整理して記した。ここでは白黒画像→カラー画像→静止画像→メモ画像というように，目的とした画像が少しずつ違って，研究開発が行われてきた。今後は乗用車に搭載される車載カメラや，教育・介護などの知的カメラに幅広い用途が期待されている。

表 1.1 主要なカメラと牽引してきたカメラ技術

項　目	用　途	技　術　項　目	時　代
テレビカメラ	放送局用	撮像管技術 カメラの基本技術	1960 年代～1970 年代
ビデオカメラ	民生用	CCD 技術 動画の高画質技術，高機能化 自動化，IC 化，小型化	1980 年代～1990 年代
デジタルカメラ	民生用	静止画の高画質技術 LSI 化，小型化	1990 年代後半～2000 年代
カメラ付携帯電話	民生用	CMOS センサ技術 薄型化，超小型化	2000 年代～
車載カメラ	民生用	高機能 CMOS センサ技術 高信頼性，認識技術	2010 年代～
知的カメラ*	民生用	高機能 CMOS センサ技術 インテリジェント，高度画像処理	2010 年代後半～

〔注〕 * ロボットの眼，対話型人形，介護用，教育訓練用などインテリジェントなカメラシステム。

ほかにも，セキュリティに必須な監視カメラや医療の現場で活躍する内視鏡，組立て現場での産業・工業用カメラ，科学研究用の高速度カメラなど撮像技術は広範囲に活用されている。

1.2　撮　像　の　基　本

カメラで撮影する，この行為を考えてみよう。図 1.1 は離陸していく飛行機である。飛行機は上下左右遠近と 3 次元空間を時間とともに遠くへ移動していく。いまではカメラのファインダをのぞいて飛行機を追いかけるだけで，ダイナミックなシーンが撮影できる。ここには数々の機能が備えられていて，自動制御が動作している。何の機能もないカメラでこのシーンを撮像しようとする

図 1.1　離陸していく飛行機

と，屋外であることを確かめた上で，明るさ，ピントを調整して脇を固めて，ぶれないようにしっかりとカメラを構えなければならない。

図 1.2 はテレビジョンシステムを示したものである。被写体をレンズで捕らえて，CCD または CMOS イメージセンサ（本書では以下 CMOS センサと呼ぶ）という半導体素子に光学像として結像させる。ここで電気信号に変換され，電気的な処理を加えられた上で出力される。伝送，または記録された信号は液晶などの画面に表示され，カラー画像を楽しむことができる。

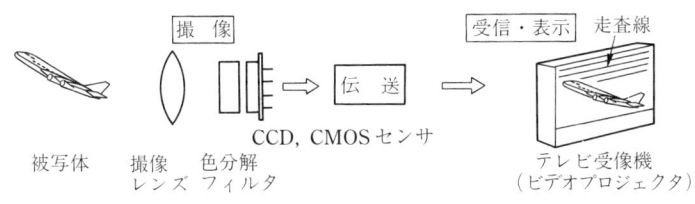

図 1.2　テレビジョンシステム

カメラの基本構成を**図 1.3** でもう少し詳しく説明しよう。

カメラはレンズ，光学系，CCD，CMOS センサなどの撮像デバイス，電子回路で構成されている。照明された被写体の光学像は，レンズで CCD 上に結像される。ここで，光電変換された信号電荷を順番に取り出し，各種の機能を持った電子回路でディジタル信号処理を行い，目的の出力信号として取り出される。ディジタル信号処理では，画質をよくするための処理機能とよい信号を撮影するための撮影機能とを兼ね備えている。なお，ディジタル信号処理を実

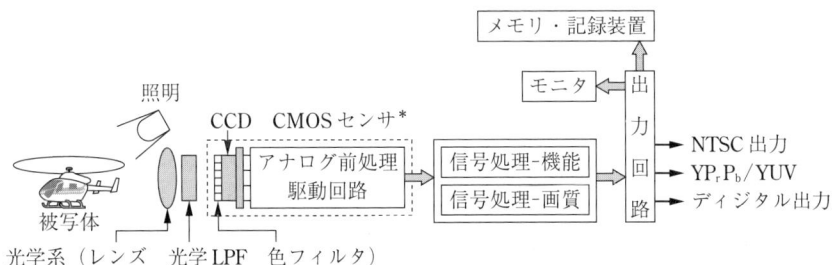

* CMOS センサでは前処理部分から駆動回路までセンサ内部に含まれる。

図 1.3　カメラの基本構成

現するためには，アルゴリズムを実現するためのソフト開発と大規模な回路を集積する LSI の開発が必要になる。このようにして，レンズ，撮像デバイス，LSI，ソフトと各要素部品がそろうと，全体を小型・軽量にまとめなければならない。

　レンズを中心とした高度な光学技術，CCD，CMOS センサに特化した高性能デバイス技術，解像度，コントラスト，色調などの画質をよくする画像処理技術，高度な自動制御技術，LSI を実現する半導体技術，高速で高密度に実装できる高密度実装技術などすべての分野でトップレベルにあり，これが日本のカメラ技術を支えているのである。

　これらの一つひとつについては，2 章以降に詳しく説明していこう。

1.3　画像の性質

1.3.1　画　　　素

　カラー画像を拡大して見ると，RGB のドットが規則正しく配列されている。この一つひとつが画素で，画像を構成している単位となる。光の 3 原色は RGB であるから，この 3 組みで 1 画素が形成される。明暗の明るさは画素の光の強さで変化し，色の違い，色相は RGB 3 色の光の強さのバランスで表すことができる。

　画素の数が大きければ画像の変化が詳しくわかる。すなわち，細かい変化まで表現することができる。画素数が大きい画像は解像度がよい。口絵 1（f）には横 60 画素，縦 70 画素で表した場合，解像度の低下による画像の感じを示す。

　各種画像の画素数を付表 1 に示した。例えば，VGA の画像は水平 640 画素，垂直 480 画素からなる。SXGA は 1 280×960 画素からなり，VGA に比べて縦横とも 2 倍，全体で 4 倍の画素数でできている。

　撮像デバイスでは，ホトダイオードが縦横に規則正しく配列される。300 万画素 CCD といわれるのは QXGA 相当，フル HDTV といわれるセンサは約

200万画素である。

1.3.2 光電変換

撮像デバイスは，光学像を電気信号に変換する光電変換と各画素に発生した信号電荷を読み出していく走査という二つの機能がある。

光電変換は光学像の明るさの変化に対応して，電気信号の大きさ，振幅の変化に変換する。光入力に対する信号出力の関係を光電変換特性といい，**図 1.4**のように，ほぼ直線的に変化する。光が強すぎると飽和して，これ以上は信号が蓄積できないレベルがある。光が弱過ぎるとノイズレベルに埋もれて検知できなくなる。この直線範囲が有効に使える領域である。微小な光でも検知できるようにするには，ノイズレベルをできるだけ下げる必要がある。微弱な光入力でも信号出力が得られれば感度がよいという。また，直線範囲を広げるには飽和レベルを大きくすることが必要である。直線範囲が広い撮像デバイスをダイナミックレンジが広いという。一般に使われている CCD では，直線範囲は信号出力で 54 dB（500 倍），光入力で 40～60 dB 程度である。

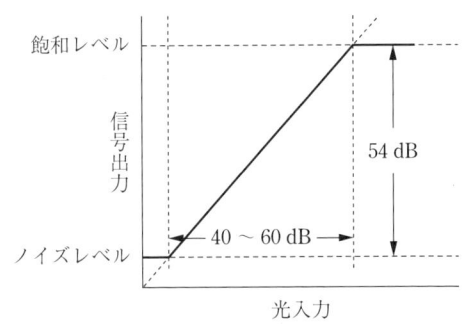

図 1.4　光電変換特性

このように，光電変換では感度，ノイズ，ダイナミックレンジが重要である。

最近の CMOS センサでは，センサ内部で A-D 変換（アナログ-ディジタル変換）を行い，ディジタル出力で信号が得られるようになっている。A-D 変換で階調がどこまで表示できるか，256 階調の場合を 8 ビット出力というよう

に表す。1ビットであれば白黒の2階調,2ビットであれば4段階の表示ができる。実際にどのようになるかを口絵1(b)〜(e)に示した。

1.3.3 走　　　査

ホトダイオードに蓄積された信号電荷は,出力に取り出さなければならない。2次元に配列された画素から,一定のルールに従って1次元の信号に変換することを走査という。

左から右,上から下に順番に走査していくのが一般的である。

図1.5は走査の概念を示したもので,図(a)のように,左から右へ走査することを水平走査,ラインを走査線という。上から1本,2本と走査線を数えると,VGAの画像では走査線は480本になる。

（a）プログレシブ（順次走査）
（有効走査線480本のとき）

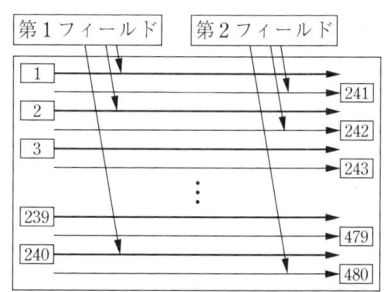
（b）インタレース（飛越し走査）
（有効走査線480本のとき）

図1.5　走査の概念

テレビジョンでは伝送の特性上,インタレースが行われる。図(b)に示したように,画面上から走査線1本おきに走査していき,240本になるとつぎの241本からは間を埋め合わせていくように,242本と順に480本まで走査して画面が完成する。このように,1本おきに走査していく方式をインタレース（飛越し走査）という。走査線半分の粗い画像をフィールド画像,2フィールドで完全な画像になり,これをフレーム画像という。これに対し,図(a)のように上から順に走査していく方式をプログレシブ（順次走査）という。

デジタルカメラや携帯電話など静止画像中心のカメラではプログレシブ，放送用カメラやビデオカメラなどの動画像中心のカメラではインタレースが主として使われている。

一方，テレビ受像機では液晶ディスプレイ（liquid crystal display，略してLCD）やプラズマディスプレイ（plasma display panel，略してPDP）などの平面テレビ（flat panel display，略してFPD）が多くなっているが，これらはインタレースで送信されてきた信号を，受像機の中で画像メモリを使ってプログレシブに変換して表示している。

インタレースは眼の特性を考慮して，効率よく動画像を伝送できる点で優れた方式であったが，2次元でディジタル画像処理を行う上では不具合が多い。

走査速度と走査波形は送受で完全に一致しなければならない。アナログ波形で走査が行われていたときには正確に一致することが難しく，走査ひずみが問題となったが，ディジタルで水平垂直走査が行われる今日ではほとんど問題とならなくなった。

1.3.4 解　像　度

走査線の本数を増加していくと垂直方向の画素が増加するので，被写体の細かい部分が再現されやすい。このように画素数を垂直・水平に増やしていくと，一般には解像度がよくなる。カメラの場合はレンズの結像特性，イメージセンサの画素数，回路の周波数特性の掛け算で解像度が決まってくる。

撮像レンズや光学系では，1 mm当り何本の白黒のラインが分かれて見えるかによって解像度が定義される。白と黒のペアで1本と数えるので，単位はlp/mmである。

一方，テレビ画像では画面の垂直方向の高さに換算して，何本の白黒のラインがそれぞれ分かれて見えるかによって解像度が定義される。白と黒で別々に数え，単位はTV本である。

イメージセンサの画素数が水平640画素，垂直480画素で，感光面サイズが6.4×4.8 mm^{2}のときには，レンズの解像度は50 lp/mm（$=(480/2)/4.8$）以

上が必要であり，得られる画像の解像度は最大で 480 TV 本となる。解像度を簡単に測るには，**図 1.6** に示すような解像度チャートを用い，垂直方向を画面いっぱいになるようにして撮像すると，記載されている数字で TV 本が表示できる。

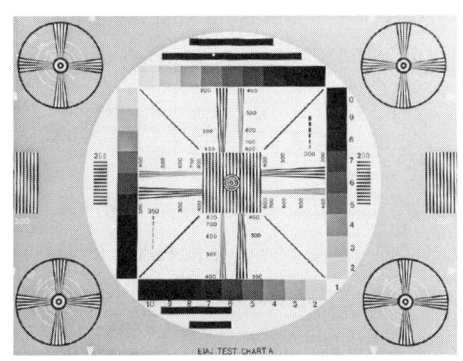

図 1.6　解像度チャート（EIAJ TEST CHART A）

白黒のラインが分かれたかどうかは視覚的な要因が入り，画面の輝度によっても誤差が生じるので，定量的な評価では変調度（modulation transfer function，略して MTF）で定義するのが好ましい。これは粗い白黒ラインの信号振幅を 100 ％として，細かい白黒ラインの信号振幅低下を測定するものである。

1.3.5　波形特性

画像の基本は波形特性である。**図 1.7**（a）は矩形波であるが，この波形をディスプレイまで正確に伝送できることが基本である。これは何でもないことのようであるが，実はたいへんな作業が必要になる。画像では撮像から表示までカメラ，伝送，記録，表示のおのおのの入出力で，つねに波形を考慮しなければならない。

カメラに的を絞っても，レンズ，撮像デバイス，電子回路，ソフト処理で，波形特性をつねに頭にたたき込んでおくことが必要である。図（b）は，かなりよく考えられて処理された信号波形である。それでも黒から白への立上り特

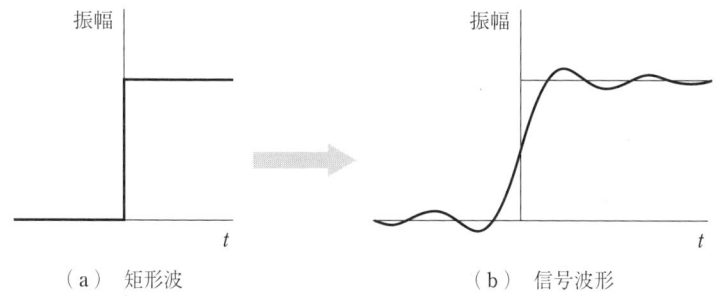

図1.7 波形伝送

性が遅かったり，平坦であるはずの白，黒部分にリンギングがある。これは周波数特性，位相特性がかかわる。さらに，最近のディジタル処理では非直線処理が頻繁に行われるので，この際に，波形特性をつねに考慮しないととんでもないカメラが出来上がってしまう。この波形で注意すべき要点は立上りが悪いと解像度が低下，サグがあると色むらが発生，リンギングは偽輪郭，直線性は階調・トーンに影響を与え，トラッキングは色ずれになる，クリップや飽和はダイナミックレンジでコントラストの低下になる。

これらに必要な技術は，過度現象，フーリエ変換，フィルタリング，変調理論，幾何光学，半導体工学などであろう。

1.4 テレビジョン方式

ビデオカメラやデジタルカメラは，テレビジョン方式と大きくかかわりを持っている。アナログ放送が主流のNTSC方式の時代には出力もNTSCで，解像度もVGA程度で十分であったが，デジタル放送でHDTV（high definition television, 高精細テレビ）が主流になると，出力もYUVで解像度も200万画素程度が要求されてくる。ここで簡単にテレビジョン方式を振り返ってみよう。

アナログテレビ放送では，日米を中心としたNTSC方式，ドイツ，中国などのPAL方式，フランス，ロシアなどのSECAM方式が標準方式となって

いる。これらは走査線数，フレーム周波数が異なっており，**表1.2**に示すようになっている。

表1.2 カラーテレビの標準方式

	NTSC方式	PAL/SECAM方式	デジタルテレビ（日本）	
			480 i	1 080 i
走査線数	525	625	525	1 125
有効走査線数[*1]	484	576	483	1 080
アスペクト比	4：3	4：3	16：9 または 4：3	16：9
フィールド周波数〔Hz〕	59.94	50	60/1.001	60/1.001
水平走査周波数〔kHz〕	15.734 264	15.625	15.750/1.001	33.750/1.001
映像周波数幅〔MHz〕	4.2	5	13.5[*1]	74.25/1.001[*1]
副搬送波周波数〔MHz〕	3.579 545	4.433 618 75	6.75[*2]	37.125/1.001[*2]

〔注〕 デジタルテレビ（日本）ではほかに 480 p, 720 p も規定されている。
＊1 輝度信号のサンプリング周波数
＊2 色差信号のサンプリング周波数

1.4.1 NTSC 方 式

NTSC方式は，米国の National Television Systems Committee が白黒テレビジョンとの両立性を考慮して開発されたカラーテレビジョン方式で，1954年に米国で放送が開始された。

二つの色差信号 I, Q を直角二重平衡変調という方式で，輝度信号の高域部分に妨害が少ないように周波数インタリーブで多重し，周波数帯域を白黒テレビジョンとほぼ同じ 4.2 MHz で送れるようにした。当時の技術の粋を集めた画期的な技術が採り入れられている。

RGB 3色信号をそのまま送ろうとすると，信号の周波数帯域が3倍必要である。人の眼の視覚特性を巧みに利用して，白黒と同じ帯域で送れるようにしたものである。

人の眼は細かいものに対して色の識別能力がなくなり，白黒の識別だけになる。したがって，塗り絵や印刷の墨版のように輪郭は白黒信号で構成し，一様に変化するような低い周波数成分だけに RGB の色情報を使う。このように，輝度信号を広帯域で，色信号を低帯域で構成し，しかも輝度信号に周波数多重して織り込ませ，一つの信号に構成することにした。

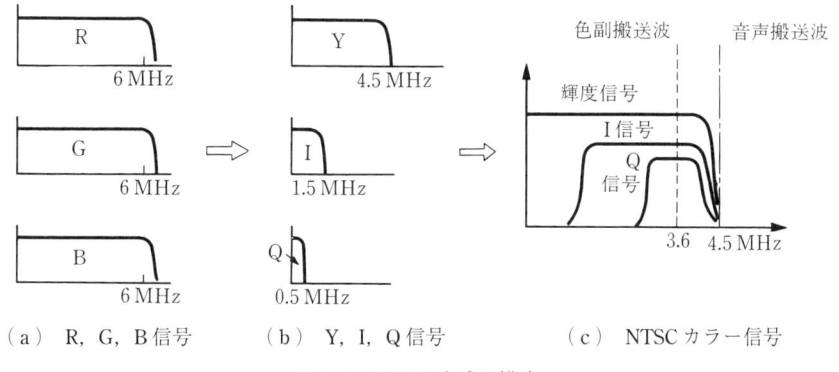

図 1.8 NTSC 方式の構成

図 1.8 は NTSC 信号の構成，輝度信号と色度信号を示したものである。撮像デバイスから得られた 6 MHz の RGB 信号はマトリックス回路で輝度信号 E_Y と二つの色度信号 E_I, E_Q に変換される。

$$E_Y = 0.30E_R + 0.59E_G + 0.11E_B$$
$$E_I = 0.74(E_R - E_Y) - 0.27(E_B - E_Y)$$
$$E_Q = 0.48(E_R - E_Y) + 0.41(E_B - E_Y)$$

E_I, E_Q 信号は，それぞれ 1.5 MHz と 0.5 MHz に帯域制限される。

一方，副搬送波 $f_{sc} = 3.58$ MHz の位相を 90° 移相させて 0°，90° の二つの搬送波を作り，それぞれを E_I, E_Q 信号で平衡変調した上で，加算する。すると，図（c）のように輝度信号 E_Y の中に二つの色度信号，E_I, E_Q 信号を多重して一つの信号を作り出せる。

この際，輝度信号と色度信号が同一周波数帯域の中に混在しているが，周波数インタリーブという織込み方式を用いて相互に干渉するのを防いでいる。

NTSC 信号を式で表すと

$$E_{\text{NTSC}} = E_Y + E_I \cos(\omega_{sc}t + 33°) + E_Q \sin(\omega_{sc}t + 33°)$$
$$= E_Y + \frac{1}{1.14}(E_R - E_Y)\cos \omega_{sc}t + \frac{1}{2.03}(E_B - E_Y)\sin \omega_{sc}t$$

テレビの信号は水平垂直に走査が行われるから，図 1.9（a）に示すように低周波は輝度信号成分だけで，水平走査周波数 f_H の高調波付近に集中している。

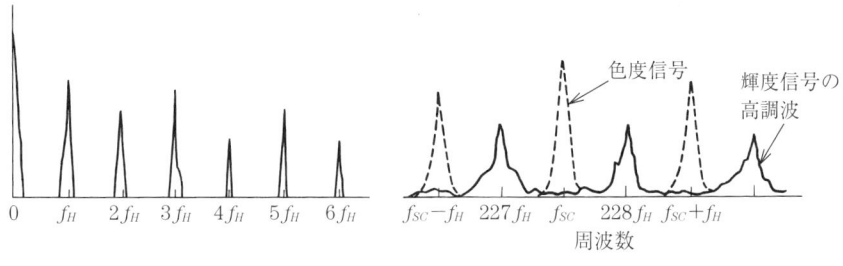

（a）低周波の周波数成分　　　（b）周波数インタリーブの関係

図1.9　NTSC信号の周波数成分

周波数帯域すべてを占めているのでなく，f_H間隔で空きスペースがある。したがって，ここに副搬送波周波数が入るように$f_{sc}=455f_H/2$の関係に設定した。このようにすると，色度信号は図（b）の破線で示したように，輝度信号の中間に櫛の歯のように織り込ませることができる。周波数帯域を共有したままで，色度信号は見事に輝度信号が含まれない領域に納めることができたのである。

　二つの色度信号は同じ搬送波で変調されているので，分離して復調するには副搬送波の位相が復調側で判別できなくてはならない。そこで，**図1.10**のように水平同期信号の後に，基準となる副搬送波をバースト信号として8サイクルだけ付加している。復調側では，このバースト信号を基に基準位相を検出して，同期検波でE_I，E_Q信号を復調している。

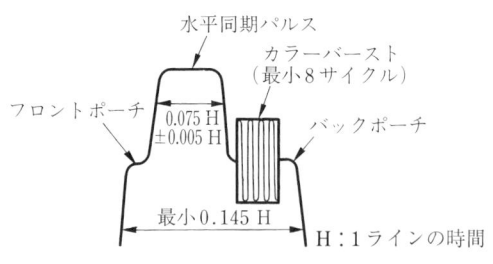

図1.10　カラーバースト信号

　日本でテレビ放送が開始されたのは1953年，1960年にカラー放送が開始された。これらのアナログ放送はデジタル放送に置き換えが進められ，NTSC方式は2011年7月24日には放送終了の予定である。

1.4.2 PAL 方式

Telefunken（独）の W. Bruch によって提案された方式で，NTSC 方式が伝送ラインの位相特性の変動に弱いのを改善する方式といわれた。Phase Alternation Line の頭文字をとって PAL 方式といわれる。走査線ごとにし，輝度信号の一つ，$R-Y$ 信号の位相を反転させて輝度信号 Y と多重する方式で

$$E_{PAL} = E_Y \pm \frac{1}{1.14}(E_R - E_Y)\cos\omega_{sc}t + \frac{1}{2.03}(E_B - E_Y)\sin\omega_{sc}t$$

となる。$R-Y$ 信号の位相を反転させると，Y 信号のスペクトルと重なる。これを避けるために，色副搬送波の周波数 f_{sc} を

$$f_{sc} = \left(284 - \frac{1}{4}\right)f_H + 25 \ \text{[Hz]} = 4.433\,618\,75 \ \text{[MHz]}$$

のように変化させている。

1.4.3 SECAM 方式

フランスの H. de. France によって提案された方式で，Sequential a Memoire の略称で SECAM 方式といわれる。色差信号を線順次で送り，受像側で同時信号に変換する方式で

$$E_{SECAM} = E_Y + A\cos(\omega_{sc}t + E_c\,\varDelta\omega_{sc}t)$$

で表せる。

E_c が線順次信号で $R-Y$ 信号のとき，$E_c = -1.9(E_R - E_Y)$，$B-Y$ 信号のとき，$E_c = 1.5(E_B - E_Y)$ である。色副搬送波 f_{sc} は $R-Y$ 信号のときは 4.406 250 MHz，$B-Y$ 信号のときは 4.250 000 MHz を用いる。

1.4.4 デジタルテレビジョン方式

最近の符号化技術の進歩により，HDTV のような高品位のテレビジョン信号が従来のアナログ放送と同じ周波数帯域で伝送できるようになった。すなわち，6 MHz 帯域幅で HDTV では 1 ch，SDTV (standard definition television, NTSC や PAL 並みの画質のデジタルテレビ) では 2～3 ch のデジタ

ル放送が可能になっている。2003年に開始された日本のデジタル放送はHDTVを放送できるようにしている。

今後，HDTVを扱うデジタル放送が普及するにつれ，民生用や業務用のカメラでもHDTV信号が撮影できるような機器が急速に普及することが予想される。

HDTVで画面に表示される有効画素は水平1920画素，垂直1080画素，アスペクト比16：9，1画素は縦横の比率が1：1の正方画素が基本である。したがって，NTSC方式で必要な有効画素数が40万画素とすれば，5倍の画素数増加が必要になる。さらに，表1.2に示したように，フィールド周波数がほぼ同一であるので，撮像デバイスの読出し速度も5倍速くする必要がある。HDTV1080iの標準方式では，水平画素数は地上デジタルが1440，BSデジタルが1920で運用されている。

なお，輝度信号と色差信号は

480iでは

$$Y=0.587G+0.114B+0.299R$$
$$Pb=0.564(B-Y)$$
$$=-0.169(R-G)+0.500(B-G)$$
$$Pr=0.713(R-Y)$$
$$=0.500(R-G)-0.081(B-G)$$

1080iでは

$$Y=0.7152G+0.0722B+0.2126R$$
$$Pb=0.5389(B-Y)$$
$$Pr=0.6350(R-Y)$$

デジタルカメラ等で使われるYUV，YCrCb方式は下記の式になる。

YUV方式

$$Y=0.299R+0.587G+0.144B$$
$$U=0.7(R-G)-0.11(B-G)$$
$$V=0.3(R-G)+0.89(B-G)$$

YCrCb 方式

$$Y = 0.299R + 0.587G + 0.144B$$
$$Cr = 0.500(R-G) - 0.081(B-G)$$
$$Cb = -0.169(R-G) + 0.500(B-G)$$

これは 480 i と同じ式である。Cb を U，Cr を V と呼ぶこともある。

1.4.5 撮像特性

上記放送方式ではいずれも受像 3 原色と基準白色が決められている。これらの値を表 1.3 に示す。NTSC は 1953 年に制定されたが，CIE の基準に合わせ

表 1.3 受像 3 原色と基準白色

		NTSC	PAL/SECAM	デジタルテレビ（日本）	
				480 i	1 080 i
R	x	0.67	0.64	0.630	0.640
	y	0.33	0.33	0.340	0.330
G	x	0.21	0.29	0.310	0.300
	y	0.71	0.60	0.595	0.600
B	x	0.14	0.15	0.155	0.150
	y	0.08	0.06	0.070	0.060
W		C	D 65	D 65	D 65
	x	0.310	0.313	0.312 7	0.312 7
	y	0.316	0.329	0.329 0	0.329 0

〔注〕 NTSC は 1953 年に制定当時の値，現在は 480 i に準じている。

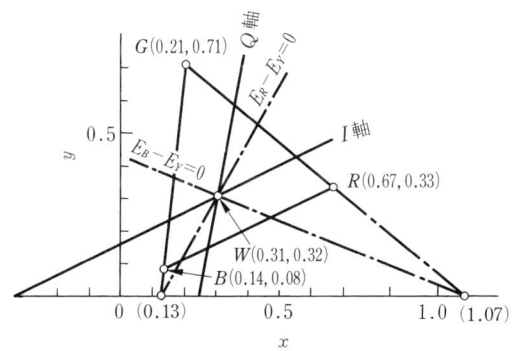

図 1.11 NTSC 1953 の受像 3 原色と I，Q 軸，色再現範囲

て，1993年に480iの値に変更されている。参考までにNTSC 1953の受像3原色とI，Q軸，色再現範囲を図1.11に示す。

この値からNTSC方式の理想撮像特性を計算すると次式になる。

$R = 1.9106X - 0.5326Y + 0.2883Z$

$G = -0.9843X + 1.9884Y - 0.0283Z$

$B = 0.0584X - 0.1185Y + 0.8985Z$

これを波長で表すと図1.12になる。

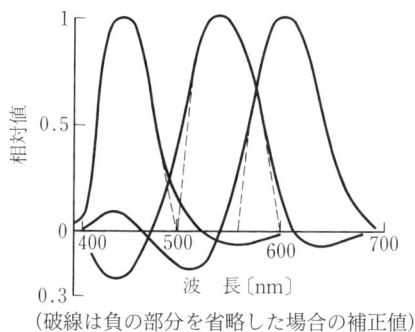

（破線は負の部分を省略した場合の補正値）
図1.12 理想撮像特性

なお，現実には理想撮像特性はマイナスの部分があるので，これを補正するために，マイナス部分の面積をその部分から差し引いた破線の特性がよいとされている。

一方，テレビの受像3原色はNTSC方式が制定された1953年，改定された1993年当時から大きく変化している。このため，図1.12の理想撮像特性を基に，カメラメーカで色再現がよくなるように独自の特性が開発され，使用されているのが実状である。

2 撮像デバイス

2.1 CCD と CMOS センサ

　ビデオカメラ，デジタルカメラの撮像デバイスには CCD や CMOS センサが用いられている。CCD は米国ベル研究所の W.S.Boyle と G.E.Smith によって 1970 年に発明された半導体を用いたデバイスで，特に信号電荷を蓄積し，転送して読み出していくという電荷転送を用いた撮像デバイスである。charge coupled device，電荷結合素子の頭文字をとって CCD と呼ばれる。[1][†,2]

　現在のような CMOS センサは，1993 年 E.R.Fossum が提唱したのが最初といわれている[3]。complementary metal oxide semiconductor，相補性金属酸化膜半導体という LSI の設計，製造プロセス技術，CMOS プロセスを用いた撮像デバイスという意味である。

　現在，実用化されている CCD も数々の改良が加えられてきたので，最初に提唱されたシンプルなタイプからは，かなり異なる構造になっている。この意味では CMOS センサも 1963 年 Honeywell の Morrison によるホトスキャナ[4]までルーツはさかのぼることができよう。CCD は電荷を転送するというメカニズムが新規であったが，ホトダイオードを並べて順番に読み出していけば，撮像デバイスが作れるという発想[5],[6]は，特に目新しいことではなかったといえよう[7]。

---

† 肩付き数字は，巻末の引用・参考文献を表す。

2. 撮像デバイス

現在の撮像デバイスを**図2.1**に示す。ここでは便宜上，水平3画素，垂直4画素の場合で説明する。光電変換はどちらもホトダイオードが用いられる。CMOSセンサでは，ホトダイオードで発生した信号電荷を増幅した上で，転送トランジスタを用いて出力に読み出される。これに対して，CCDでは画素ごとには増幅器がなく，電荷のままで転送トランジスタを用いてV-CCD（垂直転送CCD）に読み出されていき，最後の出力段に増幅器が設けられている。信号の読出しは左下の画素から右方向に，1ラインが終わると1段上のラインという順番になり，最後に右上の画素となるのが一般的である。これは撮像レンズで光学像が倒立像になるからである。

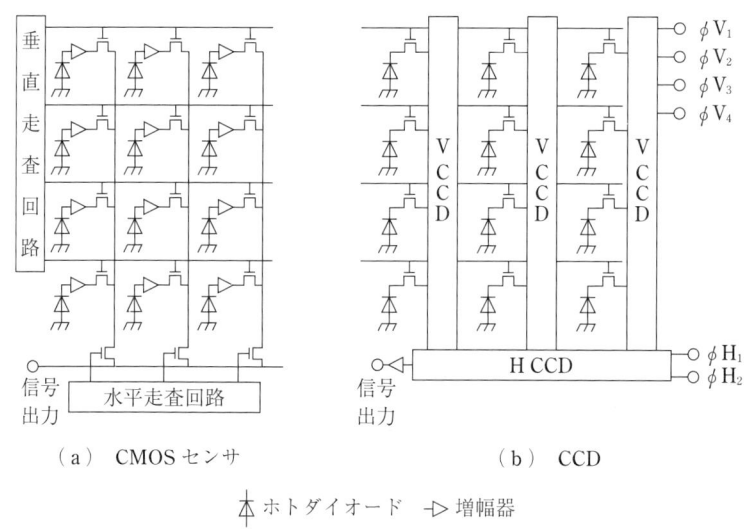

（a）CMOSセンサ　　　　　　（b）CCD

ホトダイオード　　増幅器

図2.1　撮像デバイスの構成

感光面の構成を見ると，CMOSセンサでは画素構造が複雑になるのに対して，CCDでは画素と並列にV-CCDが設けられている。光電変換に寄与するのはホトダイオードだけであるから，他のトランジスタやV-CCDは光の有効活用からは不要なものである。感光面に対して光電変換に寄与するホトダイオードが占める面積の比率を開口率，fill factorと呼ぶ。

CCDとCMOSセンサの両者とも，光電変換はホトダイオードで共通であり，信号の読出し手段が異なる。さらに，CMOSセンサでは信号処理回路がCMOSプロセスで作れるので，回路が内蔵でき，1チップで構成できる。CCDでは別チップで構成しなければならない。これらの特徴を**表2.1**に示す。

表2.1 CMOSセンサとCCDの特徴

	CMOSセンサ	CCD
光電変換	ホトダイオード	同左
増幅器	画素ごと	出力段に一つ
読出し	カラム読出し	CCD転送
スミア	なし	あり
出力	ディジタル	アナログ
FEA	内蔵	別チップが必要
信号処理回路	内蔵可能	別チップが必要
電源	1電源	3電源

CCDの出現前にも，ビジコンと呼ばれる撮像管が家庭用のビデオカメラには広く使われてきた。これは，単2電池2本程度の大きさの真空管であったので，半導体を用いた撮像デバイスは固体撮像デバイスと呼ばれた。

なお，本書では撮像デバイスを用いるが，イメージセンサ，撮像素子などといわれることもある。CMOSセンサもCMOS Imge Sensorの頭文字をとってCISともいわれる。

2.2 電荷の転送

2.2.1 MOS構造

図2.2はMOS構造と空乏層を示したもので，p型半導体基板の上に絶縁膜SiO_2を形成し，その上に電極が配置されている。基板を0Vにして，電極に+5Vの電圧を印加すると，電極近くの多数キャリヤである正孔が抜けて，空乏層が形成される。

この状態での電位分布を見ると電極の下が最も大きくなり，電位の井戸，ポテンシャルウェル（以下，ポテンシャル井戸と呼ぶ）ができている。

20   2. 撮像デバイス

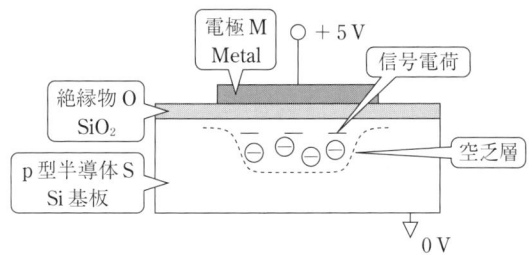

図 2.2　MOS 構造と空乏層

この状態で光を当てると，光電効果で発生した負の信号電荷，電子が井戸に集められ，蓄積される。

2.2.2　電荷の蓄積と転送

CCD の基本構造は図 2.3 に示すように，MOS キャパシタを接近させて並列に多数並べたものである。すなわち，半導体表面に絶縁膜を介して電極を多数並べただけのシンプルな構造である。各電極に電圧を順次，加えていくことにより，信号の蓄積と転送という二つの動作が行える。

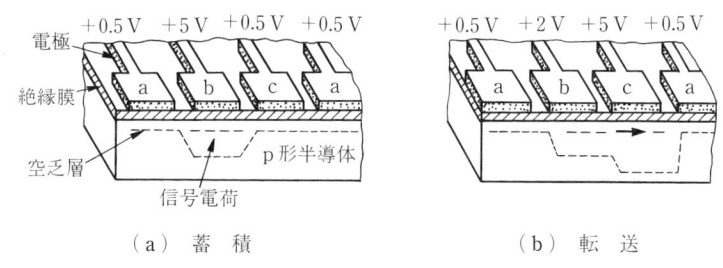

図 2.3　CCD の基本構造

まず，信号電極を 3 組みごと a，b，c に区切って，これらに加える電圧を変化させていく。

信号蓄積の状態では電極 a と c に低い電圧 +0.5 V，電極 b に高い電圧 +5 V を加える。MOS 構造の場合と同様に，高電圧が加えられた b 電極の下にポテンシャル井戸ができ，この状態で光を当てると，発生した信号電荷が移動して蓄積される。

つぎに，電極aの電圧を+0.5Vに保ったままで，電極cの電圧を+0.5Vから+5Vに変化させると同時に，電極bの電圧を+5Vから徐々に+0.5Vに変化させる。すると，ポテンシャル井戸は図(b)のように変化して，電極bの下に蓄積されていた信号電荷は電極cの下に移動する。このとき，電圧aの下は障壁となって信号電荷の移動を妨げている。徐々に変化させていた電極bの電圧が+0.5Vになれば，電極cの下にすべての信号電荷が蓄積される。これで，図(a)の状態で電極bの下にあった信号電荷が電極cの下に移動したことになる。以下，この動作を繰り返していけば，信号電荷は右方向につぎつぎと転送されていくことになる。

このように電極3個ごとに電圧を順次切り替えて，信号電荷を転送する方法を3相駆動という。

3相駆動では上記説明を実現するために，電極に加える電圧波形のタイミングと大きさの制御がたいへんである。この動作を**図2.4**に，駆動波形を**図2.5**に示す。3相駆動の詳細は図2.4のように四つの状態を実現する必要がある。$t=t_1$では電極aの下に信号電荷がある。$t=t_2$では電極bが+5Vになり，ポテンシャル井戸はa,b二つの電極下に広がる。t_2からt_4にかけて電極aは徐々に+0.5Vに向かい，ポテンシャル井戸も浅くなっていく。図(c)はこ

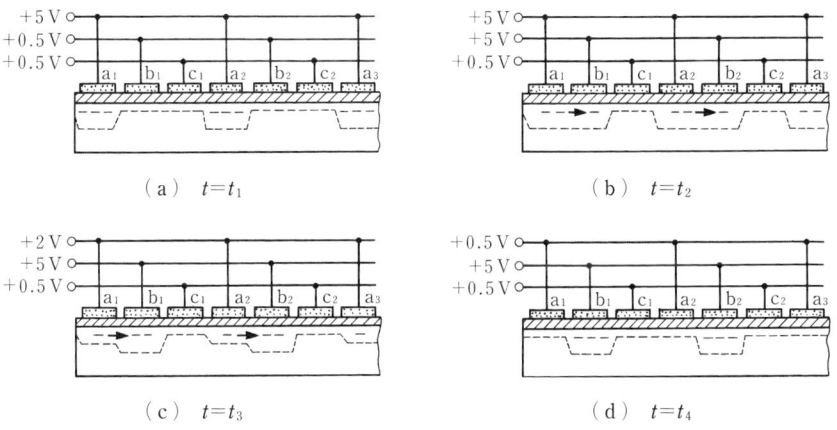

図2.4　3相駆動CCDの動作

22   2. 撮像デバイス

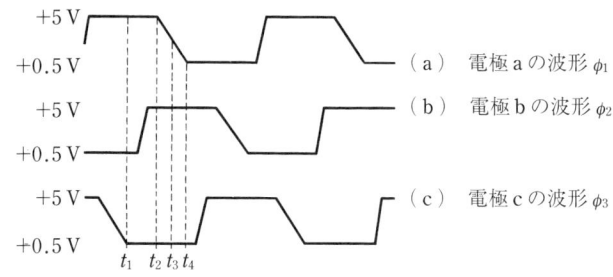

図2.5 3相駆動波形

の途中，$t=t_3$の状態を示す。$t=t_4$になると，電極bの下に信号電荷が集まり，電極b，aは障壁となる。

このように，3相駆動では駆動パルスが図2.5に示すように，t_2からt_4にかけてアナログ波形が必要になる。実用上は，このようなパルス波形を作ることは回路が複雑になり，消費電力も増加するという欠点がある。CCDの初期には，このような3相駆動が行われたが，現在では垂直駆動には4相，水平駆動には2相が使用される。

2.2.3 4相駆動

図2.6は4相駆動波形，図2.7は4相駆動CCDの動作を表している。4相駆動波形は，同一のパルス波形を$\pi/2$ずつ位相をずらせた四つの波形である。各波形がそれぞれの電極，a，b，c，dに加えられる。図(a)の$t=t_1$では

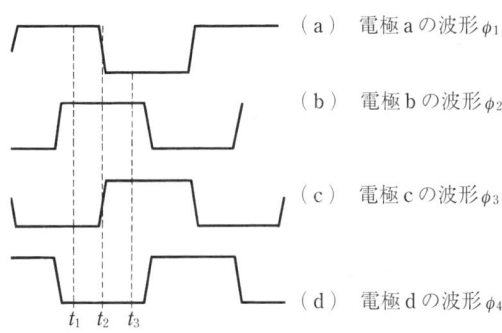

図2.6 4相駆動波形

2.2 電荷の転送

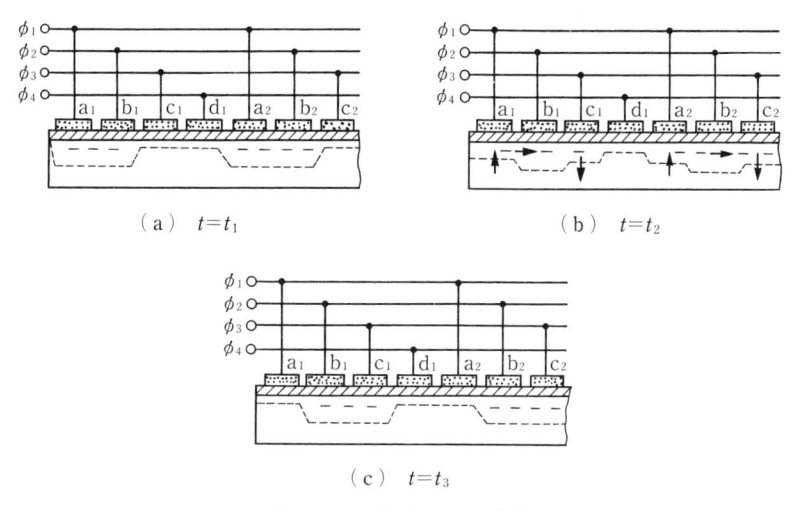

(a) $t=t_1$

(b) $t=t_2$

(c) $t=t_3$

図 2.7　4 相駆動 CCD の動作

電極 a, b が高電圧，電極 c, d が低電圧になるので，電極 a, b の下に深い井戸，電極 c, d の下に浅い井戸ができる。電極 a, b の下に信号電荷が蓄積され，電極 c, d の下は障壁となり，電荷の混入を防いでいる。図 (b) の $t=t_2$ では電極 d は $+0.5\,\mathrm{V}$ に保って障壁を形成したまま，電極 c を $+0.5\,\mathrm{V}$ から $+5\,\mathrm{V}$ に上げ，電極 a を $+5\,\mathrm{V}$ から $+0.5\,\mathrm{V}$ に下げる。信号電荷は電極 a, b の下から電極 b, c の下に移動する。図 (c) の $t=t_3$ では電極 d, a が障壁になり，電極 b, c の下に信号電荷が蓄積される。4 相駆動では 1/4 周期で 1 電極分転送されるから，1 周期では 4 電極分の転送ができる。

このように，4 相駆動では駆動波形がディジタルで，信号電荷は，2 電極分ずつで転送蓄積されていくから，信号電荷の取扱量が大きくなる。3 相駆動では 3 電極のうちで 1 電極分が信号に寄与できるだけなので，面積で 1/3 なのに対し，4 相駆動では 4 電極のうち 2 電極分が寄与でき，1/2 が有効である。このように，メリットが大きいが，4 相パルスが必要なので高速転送には向かない。そこで，ほとんどの CCD では垂直転送 CCD にこの 4 相駆動が使われる。

2.2.4 2 相 駆 動

図 2.8 は 2 相駆動 CCD の構成と駆動波形を示したものである。図（a）に示すように，二つの電極 a, c の下に n^- 層を作って，あらかじめ隣の電極 b, d との間で電位勾配をつけておく。この部分が障壁となって電荷の混入を防止できる。隣り合った電極 a, b と c, d を接続して，電極 a, b に図（b）のような駆動波形 ϕ_1，電極 c, d に駆動波形 ϕ_2 を印加する。最初から電位勾配がつけてあるから，同じ電圧が加わると，電極 a はいつも電極 b より井戸が浅くなり，a→b の方向に電界がかかって逆流することはない。電極 c, d の関係も同様で，c→d の方向に電界が加わる。電極 a, b に低い電圧，電極 c, d に高い電圧が加えられると，図（a）の破線のような電位井戸が形成されるので，信号電荷は電極 b の下から電極 c の下を通って電極 d の下に転送される。つぎに，電極 a, b に高い電圧，電極 c, d に低い電圧が加えられると，信号電荷は電極 d の下から電極 a の下を通って電極 b の下に転送される。このようにして信号電荷は右方向に転送されていく。

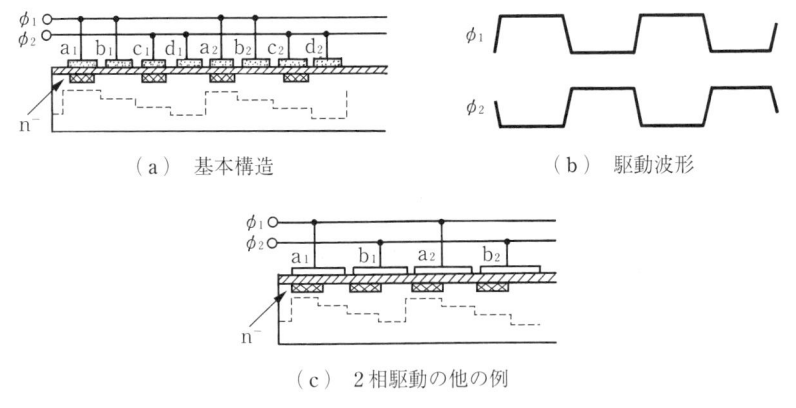

（a） 基本構造

（b） 駆動波形

（c） 2 相駆動の他の例

図 2.8　2 相駆動 CCD の構成と駆動波形

ここで，電極 b, c と電極 d, a を接続して，ここに図（b）のようなパルスを加えていくと，障壁が逆に形成されるので，信号電荷は左方向に転送されることになる。これが 2 相駆動の基本形である。

実際には，転送方向は一方向に固定される場合が多いので，電極 a, b と電

極 c, d は分離しておく必要がなく，図（c）に示すように一つの電極の下の一部に n^- 層を作る．これは図（a）と原理的には同じであるが，電極の数が減るため作りやすく，現在の2相駆動はこの方法で作られている．

2相駆動は，比較的高周波での動作が優れているので水平転送に使われることが多い．

なお，2相駆動CCDの片方に一定の直流電圧を加え，他方に ϕ_1 のようなパルス波形を加えて同様な転送を行う単相駆動も原理的には可能であるが，大振幅動作が必要になり，あまりメリットがない．

2.3 CCD撮像デバイス

2.3.1 各種CCD撮像デバイス

現在，実用化されているCCD撮像デバイスの種類は**図2.9**に示すように5種類ある．光電変換用にホトダイオードを設けるか，CCD自体で光電変換まで行うか，1画面のCCDメモリを設けるかどうかによる組合せである．

ここでは説明の便宜上，4×4画素，すなわち，水平4画素，垂直4画素，合計で16画素の場合を表している．実際のCCD撮像デバイスでは，この4×4画素の繰返しで画素が水平，垂直に多数配置されている．このうちで最もよく使われているのが，IT-CCDなので，まずこれでCCD撮像デバイスとしての基本動作を説明しよう．

2.3.2 IT-CCD

図2.9（c）は，インタライン転送CCD（interline transfer CCD，略してIT-CCD）の構成を示したものである．縦長の四角がホトダイオード，横長の四角が垂直転送CCDの電極を示している．各列のホトダイオードの間にはそれぞれ垂直転送CCDが配列され，最後の行の垂直転送CCDに隣接して水平転送CCDが1ライン分設けられている．

撮像レンズによって，この表面に被写体の光学像が結像されると各ホトダイ

26   2. 撮像デバイス

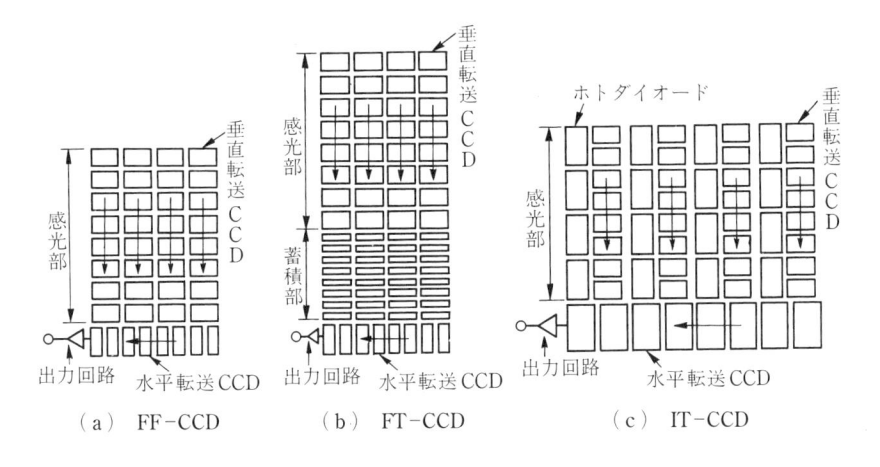

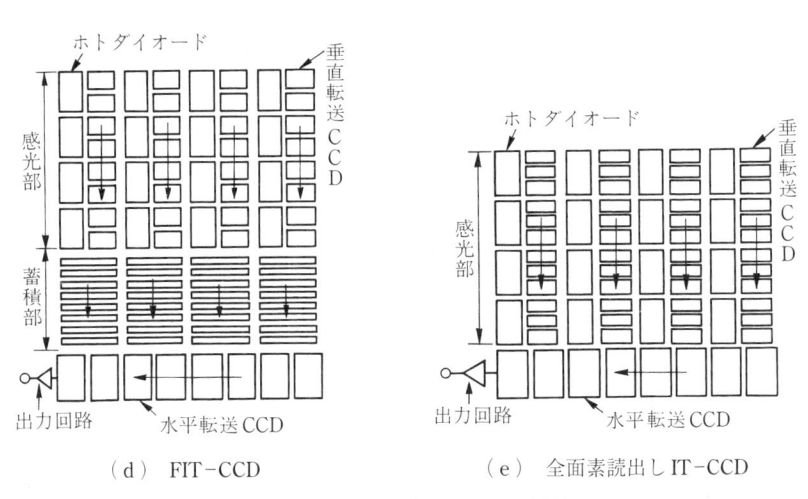

(a) FF-CCD
(b) FT-CCD
(c) IT-CCD
(d) FIT-CCD
(e) 全面素読出し IT-CCD

図2.9 CCD撮像デバイスの種類

オードで光電変換が行われ，信号電荷が蓄積され，電荷像ができる。

この電荷像をCCDでは縦横に順次，信号を転送していき，1個の信号出力端子から信号を取り出すように工夫されている。この役目をするのがCCD転送部である。

まず，16画素のホトダイオードに蓄積された信号電荷はフィールドシフト

パルスにより，一斉に，垂直CCDの一部，図（c）では一つおきに転送される。つぎに，垂直2画素が加算された上，4列の垂直転送CCDが並列に垂直方向に電荷を転送していく。この加算動作は3.2.2項で詳しく説明する。垂直に転送された信号電荷は水平転送CCDにつぎつぎに送り込まれ，1行分，4画素の信号が入るたびに，素早く，信号を水平方向に転送し，左端に設けられた出力回路を通して信号を出力する。水平転送CCDが空になると，つぎの1ラインの信号が送り込まれ，水平転送が行われるという動作を繰り返す。このようにして1ラインずつの信号が出力端子から得られていく。

以上，説明してきたように，図（c）のIT-CCDでは左下のホトダイオードから右方向に順次信号電荷が読み出されていく。1行の信号が読み出されるとつぎにその上の行に移り，順番に移動して全画素，1画面の信号が読み出されていく。

さて，フィールドシフトパルスで垂直CCDに電荷が転送された直後には各ホトダイオードは空になるが，光は各ホトダイオードに連続して当たっているから，再び電荷が蓄積されていく。そして，1画面の信号すべてが読み出され，垂直転送CCDの電荷が空になると，つぎのフィールドパルスが加えられて，ホトダイオードから信号が読み出されて，再び最初の状態に戻り，上記動作が繰り返される。

IT-CCDはビデオカメラ，デジタルカメラなどに広く使われている。特殊用途以外，ほとんどのカメラにこのCCDが使われ，普通にCCDといえばこのタイプをいう。

画素数は1982年，CCDが製品化された当初は20万画素（400 H×480 V）であった。また，1画素の大きさも13 μm×22 μm程度であった。

2.3.3　FF-CCD

図2.9（a）は，フルフレームCCD（full frame-CCD，略してFF-CCD）で，垂直転送CCDの各電極をポリシリコンなどの透明電極で形成し，ホトダイオードを持たずに，CCD自身で光電変換を行う。垂直転送CCDの一つの

電極に高い電圧をかけ，両隣の電極に比較的低い電圧をかけると，高電圧の電極下にポテンシャル井戸ができる。この状態を保持したまま光学像を投影すると，光電変換された電荷がポテンシャル井戸に集まり，電荷像が形成される。信号電荷を蓄積した後でIT-CCDと同様に，この蓄積された電荷を垂直，水平に転送して信号を取り出すものである。

CCDの中で構造は最も簡単であるが，信号電荷の転送中にも光がかぶってしまうので，撮影にはストロボ発光のように照明をオンオフするか，写真機のようにメカニカルなシャッタが必要である。蓄積期間中だけシャッタを開いて光を入れて，シャッタを閉じて光を遮蔽してから信号電荷の転送を行うようにする。

チップサイズを小型にできるので，体内を観測，治療する電子内視鏡用CCDとして一部に使われている。

2.3.4 FT-CCD

図2.9（b）は，フレーム転送CCD（frame transfer-CCD，略してFT-CCD）で，FF-CCDの感光部と水平転送CCDの間にCCD蓄積部（1画面のメモリ）を設けたものである。感光部で蓄積された全画素の信号電荷を光遮蔽のできる蓄積部に素早く転送して，感光部で光がかぶるのを防いでいる。蓄積部に素早く転送する垂直転送と，通常の読出し速度で水平転送CCDに転送する垂直転送の2種類が必要になる。また，FF-CCDと同様，感光部を透明電極で作る必要がある。

CCD発明当初はこのFT-CCDが盛んに研究されたが，チップサイズが大きいこと，光の漏れによるスミア現象（強い光が入ると，垂直に白線が見えるCCD特有の現象）が避けられないことにより，日本では使われる機会は少ない。

2.3.5 FIT-CCD

図2.9（d）は，フレームインタライン転送CCD（frame interline transfer-

CCD，略してFIT-CCD）で，IT-CCDに1画面のCCD蓄積部を設けたものである．IT-CCDよりチップサイズが大きく，垂直転送が2種類必要で動作が複雑になるが，IT-CCDの欠点であるスミアを低減でき，CCDでは最高の性能が得られる．したがって，性能重視の放送局用のスタジオカメラや取材用のENGカメラ（electronic news gathering camera）にはFIT-CCDが使われている．

放送局用カメラの主流は現在，2/3" FIT-CCDで，SN比62 dB，画素数は200万画素のHDTV対応が使われる．

2.3.6 全画素読出しIT-CCD

図2.9（e）は，全画素読出しIT-CCDで1個のホトダイオードに対して垂直転送CCDの電極3～4個が対応して，一度にすべてのホトダイオードの信号が読み出せるようにした構造である．

これは，後述のデジタルカメラやカメラ付き携帯電話などの静止画撮影に有効である．

2.3.7 リニアCCD

図2.10に示すように，CCD撮像デバイスには感光部と転送部を1列に並べたリニアCCDがある．IT-CCDの1列だけを取り出した形で，ホトダイオードに光電変換で蓄積された信号電荷を，シフトパルスにより一斉にCCDの転送電極に転送する．以下，順次左方向に転送されていき，出力回路で電圧に変換されて信号として読み出される．1ラインに配列させたことからラインセンサとも呼ばれる．

2次元のCCDに比べて，1ラインの画素数を大きくできるので，高解像度が要求されるファクシミリやカラープリンタなどに使用される．画素数は2 048，3 648，5 000等があり，RGBの色フィルタをつけて3色信号が得られるようにしたものもある．5 340×3画素では1画素の大きさが8 μm×8 μmであるから，長さが42 mmにも達するものがある．

30   2. 撮像デバイス

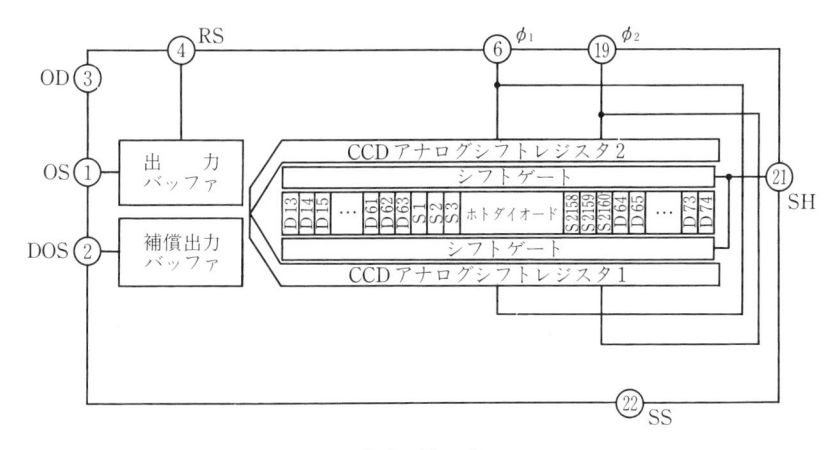

(a) 構 成

(b) 外 観

図 2.10 リニア CCD

図(b)にリニア CCD の外観を示す。

2.4 CCD の 構 造

いままでは動作説明のために，CCD の構造を模式的に表してきた。ここでは実際の構造を説明しよう。図 2.11 に代表的な IT-CCD の画素の断面構造を示す[8]。中央のマイクロレンズが付いている下が感光部，その右側に垂直転送

2.4 CCDの構造   31

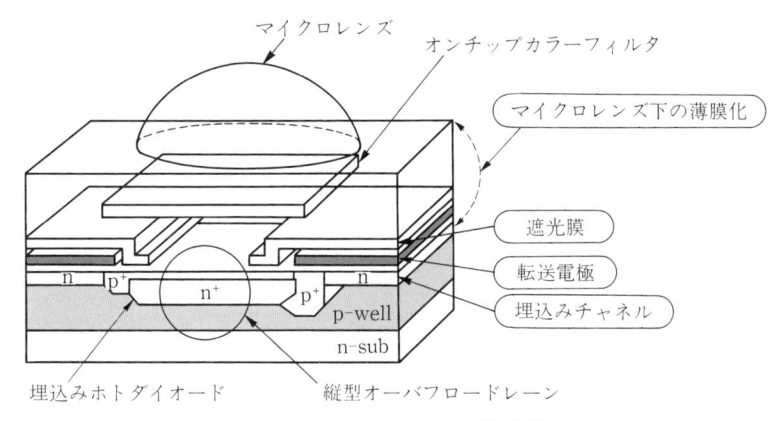

図2.11 IT-CCDの画素の断面構造

部が配置されている。

2.4.1 ホトダイオード

ホトダイオードは半導体n基板の上にp-wellを形成し，その上にn$^+$層を形成する，いわゆるn$^+$pn構造になっている．さらに，n型層の上にp$^+$層が形成され，ホトダイオードを表面でなく，ややバルク側に形成したことに特徴があり，埋込みホトダイオードと呼ばれる．構造は表面からp$^+$n$^+$pnとなっている．この構造によりホトダイオード界面が空乏化しないようにでき，界面に発生しやすい暗電流が抑制され，暗電流に起因する固定パターンノイズを1桁以上下げることができるようになった．

n$^+$層とp-wellで形成されたn$^+$p接合が逆バイアスされてホトダイオードを構成し，ここに到達した光が光電変換され，接合容量に信号電荷が蓄積されていく．埋込みダイオードにより接合容量がさらに増加できるという利点もある．

なお，p-wellはホトダイオードの下を薄くして，基板方向にpn構造を作り，強い光で過剰に発生した信号電荷を基板側に捨て去るような構造に工夫されている．これにより，ブルーミングを抑えることができ，さらに，近赤外光線のような長波長光線はp-wellの深い部分まで達して光電変換されるので，長波長光線による電荷が消滅し，可視光成分が効率よく蓄積できるようにな

る。これを縦型オーバフロードレーン構造（VOD構造）と呼び，CCDの微細化，高密度化に大きく貢献した。

また，この構造により，基板電圧を制御することにより，ホトダイオードに蓄積されていた信号電荷を一斉に基板方向に消去できることになる。そこで，任意の時間にパルスを加えることにより，それまでの間に蓄積されていた信号を消去する方式で電子シャッタ動作が容易にできるようになった。このように機能向上にも大きく貢献している。

なお，この埋込み型ホトダイオードの構造はCMOSセンサでも使われている。

2.4.2 色フィルタ

ホトダイオードの上には色フィルタアレイとマイクロレンズが形成される。これらは特殊な樹脂を塗布して染色，あるいは加工をしていくので，シリコン基板に加工，処理を施していく通常の半導体技術とは異なる工程である。そこで，シリコンウェーハの工程を前処理，色フィルタアレイとマイクロレンズの工程を後処理と呼ぶこともある。色フィルタアレイはCCD画素と正確に位置合せをして，画素の上にミクロンオーダで重ねて作られるので，オンチップカラーフィルタといわれる。

さらに，この上にマイクロレンズアレイが形成される。マイクロレンズは，感光面に到達する光を集光してホトダイオード部分に当てようとするもので，これによりホトダイオードに入る光が2～3倍に増加でき，IT-CCDやCMOSセンサの欠点であった光の利用効率が著しく改善される。感度向上に役立つとともに，転送電極やトランジスタ部に当たる光が少なくなって遮光効果が上がるメリットもある。

画素の微細化が進むとマイクロレンズからホトダイオードまでの距離が問題となる。特に，感光面の周辺になると光が斜めに入るので，集光効果が落ちて，中央部分に比べて暗くなるなどの課題は残されている。

2.4.3 転送電極部

転送電極にフィールドシフトパルスが加えられると,ホトダイオードの右側に隣接して形成された p^+ 層を介して転送部の埋込みチャネルにホトダイオードに蓄積されていた信号電荷が転送される。

転送部は n 埋込みチャネルの上に SiO_2 の絶縁膜を介して Poli-Si の電極が作られ,さらに絶縁膜を介して Al 遮光膜で覆い,光の混入を極力抑える構造になっている。

2.4.4 転送部転送方向の構造

図 2.12 は転送部の信号電荷を転送する方向,転送方向の断面構造を示したものである。図(a)は 2 相駆動,図(b)は 4 相駆動を示す。2 相駆動では片方の電極下に p^+ 層を作り,電位障壁を形成している。電極はオーバラップ構造にして不要な障壁が生じないようにしている。

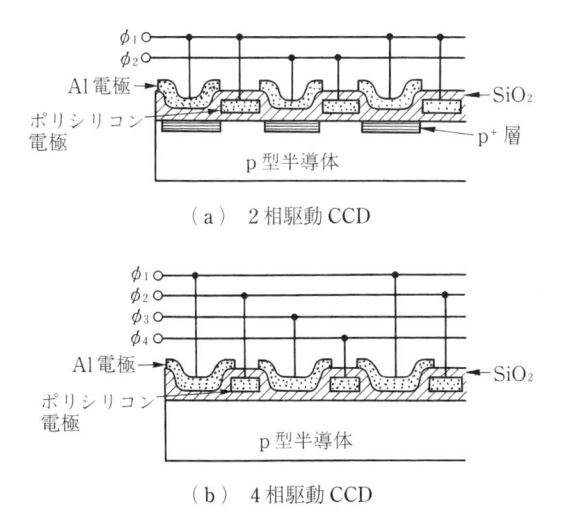

(a) 2 相駆動 CCD

(b) 4 相駆動 CCD

図 2.12 転送部転送方向の断面構造

2.5 CMOSセンサ

2.5.1 経　　緯

　CMOSセンサは，1993年にFossumらがアクティブ型CMOSセンサを発表[3]して以来，各機関で研究開発が活性化され，その後，DSP（digital signal processing）内蔵の1チップカメラ[9)~12)]の実現を目指して開発が進み，1997年には東芝から33万画素のCMOSセンサを用いたデジタルカメラが発売され，注目を集めることになった。現在ではカメラ付き携帯電話を中心に大きな市場が形成されている。当初のMOSデバイスとの違いは，図2.1で示したように画素ごとにアンプで増幅することによりノイズの影響を低減したことで，このタイプをAPS（active pixel sensor）という。

　CCDとの比較は，表2.2に示すように低消費電力，DSPなど周辺回路の一体化などに優れていることから，小型のカメラ付き携帯電話に重宝され，この分野で主力製品になった。さらに，泣き所であった高感度化，低ノイズ化が研究されて特性上もCCDと遜色ないところに到達してきた。撮像デバイス30年周期説があり，1970年に発明されたCCDがようやく主役の座を明け渡そうとしている。

　CMOSセンサの課題は感度向上，すなわち，ノイズレベルを下げることで

表2.2　CCDとCMOSセンサの比較

	項目	CCD	CMOSセンサ
特性	感度	◎	○→◎
	スミア	$-90\,\mathrm{dB}\sim-140\,\mathrm{dB}$	◎ なし
	ダイナミックレンジ	△	○
	S/N	◎	○→◎
システム	電源電圧	○　$+1.5\,\mathrm{V},\ +3.3\,\mathrm{V},\ -8\,\mathrm{V}$	◎　$+2.8\,\mathrm{V}$
	消費電力*	△　300 mW	◎　30 mW

〔注〕　＊　CCDの場合，TG，SG，DC/DCコンバータの電力損失を含む。

ある[13]。

感度は入射光に対して得られる信号電荷の量である。光電変換はCCDもCMOSセンサもホトダイオードで行われるので，本質的には等しい値が得られる。問題は1画素でホトダイオードの占める面積の比率・フィルファクタ，開口率である。

IT-CCDでは垂直転送部が混在していること，スミアを防ぐための厳密な光シールドが開口率を低下させている。これに対してCMOSセンサでは複数のトランジスタの占める面積が問題となる。しかし，これは微細加工技術の進歩とともに縮小方向にある。

ノイズは画素内の増幅トランジスタの閾値のばらつきである。当初は水平選択トランジスタの熱雑音，外部増幅器の熱雑音，縦筋雑音が問題となったが，画素内増幅器の導入，カラム読出し，LSI微細加工技術の進歩と低電源電圧によって問題ないレベルまで到達している。

2.5.2 画素の構造

現在，最も多く使われているCMOSセンサの1画素の構造，4TRの場合を図2.13に示す[14]。

CMOSセンサの1画素はホトダイオードと読出しトランジスタ（トランスファゲートトランジスタ），増幅トランジスタ，選択トランジスタ（アドレストランジスタ），リセットトランジスタの4トランジスタで構成されている。

撮像レンズでCMOSセンサ表面に結像された光学像は，ホトダイオードにより光電変換され，電荷像になる。光電変換された電荷は読出しトランジスタのソース部に蓄積される。蓄積された電荷はゲートにパルスが印加されるとドレーン側に転送され，増幅トランジスタのゲートに加えられる。ここで増幅された信号は選択トランジスタによりライン選択され，垂直信号線に転送される。転送された信号は垂直シフトレジスタ，水平シフトレジスタにより，順次出力されていく。ここで，リセットトランジスタは読出しトランジスタと増幅トランジスタの間に設けられ，信号読出し前に電位を一定レベルに初期化する

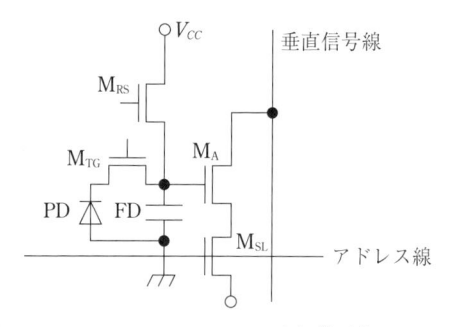

M_{RS} ：リセット TR　　　　　　　　　　　　FD を初期電位にリセット
M_{TG} ：トランスファゲート TR　　　　　　　光電変換された信号電荷を FD に転送
M_A ：増幅 TR　　　　　　　　　　　　　　蓄積電荷による FD の電位変化を増幅
M_{SL} ：選択 TR　　　　　　　　　　　　　　列出力線に出力するスイッチング
PD ：ホトダイオード　　　　　　　　　　　　光電変換
FD ：フローティングディフュージョン　　　信号電荷を電位に変換する浮遊容量

図 2.13　4 TR–CMOS センサの画素構成

ものである。

2.5.3　CMOS センサの特徴

〔1〕 **信号の転送**　　CMOS センサでは水平，垂直ともシフトレジスタを用いてスイッチング動作により，垂直信号線で電圧が転送される。従来は画素ごとにスイッチングが行われていたが，周波数を下げてノイズを小さくするために，コラム読出しというラインごとに読み出す方式がとられている。すなわち，1 ラインの画素を一斉にオンにして，各画素の信号を垂直読出しラインまで転送し，その後，水平シフトレジスタで順次読み出していく方法である。

〔2〕 **埋込みホトダイオード**　　光電変換を行うホトダイオードを基板表面でなく界面より下げて形成する埋込みホトダイオードが CCD では用いられ，これが CCD の SN 比向上に大きく寄与してきた。

当初，CMOS センサに埋込みホトダイオードを適用するのは難しいとされてきたが，図 2.14 に示すような構造で実現された[15]。この構造の特徴は読出しゲート電極端に PD-p$^+$ 層より張り出した PD-n 層を設けることや，読出しゲート電極下基板界面に基板濃度より濃い p$^-$ 層を設けることである。このよ

2.5 CMOSセンサ

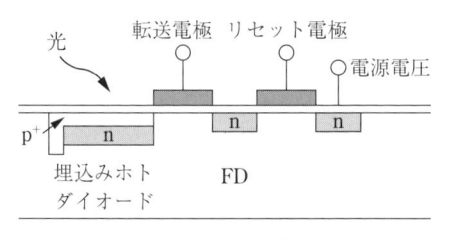

図 2.14 埋込みホトダイオード

うにすると，PD界面がPD-p$^+$層で遮断されたことにより発生するゲート電極端の障壁電位を低減し，ゲート電極下に張り出したPD-n層端からゲート下の基板界面へ導かれるように信号電荷は読み出される。このようにして，低電圧駆動でも電位障壁が発生せず完全転送動作ができるという。

また，読出しゲートをL字型に形成して電位障壁を低減する方法も提案されている[16]。

〔3〕**並列ADC** 当初のMOSセンサでは垂直，水平ともにシフトレジスタで画素ごとにスイッチングして，順次信号電荷を取り出し，出力部にADCを設け，ディジタル信号を出力していた。この方法では，水平のシフトレジスタの読出し周波数が高くなり，ここでのノイズ混入が課題であった。

そこで，ラインごとにADCを設け，ADCとデータ出力をパイプライン化することで，ADCの変換速度をライン周波数まで下げることができ，SN比向上に効果があった[17]。現在ではほとんどのCMOSセンサで採用されている。

2.5.4 単位セル内増幅器

CMOSセンサの大部分は画素内に増幅トランジスタを持ち，このトランジスタの特性がばらつくために画素ごとの信号が変化し，ノイズとなって信号に混入されるのが問題である。

これらは設計技術で改良されてはいるが，それだけでは不十分で，回路手段によって抑圧される。第1に各垂直信号線の信号電圧とリセット電圧の差電圧を時系列で取り去るようにしたノイズキャンセル回路の導入，第2に画素のソースホロワ回路で発生する低周波の$1/f$雑音と，高周波の熱雑音をノイズキ

ャンセラの二重サンプリング効果と増幅トランジスタのON抵抗と垂直信号線の寄生容量からなるLPF効果を利用して低減する，第3に出力アンプの$1/f$雑音と熱雑音を，出力アンプ自身のフィードバッククランプ方式により抑圧するなどの手段である。

これらを実現した回路の一例を**図2.15**に示す[18]。

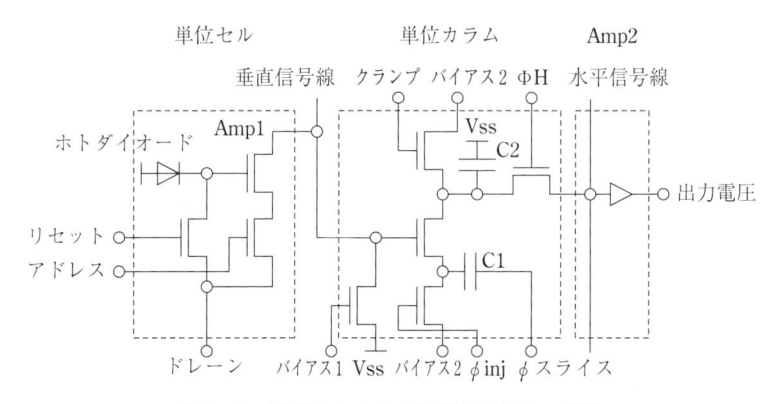

図2.15 CMOSセンサの読出し回路の一例[18]

2.6 撮像デバイスの歩み

2.6.1 撮像デバイスの歩み

最後に撮像デバイスの歩みを振り返っておこう。**表2.3**に初期の撮像デバイスの推移を示す。撮像デバイスはテレビ用のカメラとして，1884年のニポーの円盤と呼ばれる機械式が最初といわれている。これから約50年後の解像管は初めての電子式であったが，蓄積動作がないため，感度が著しく劣っていた。アイコノスコープはこれを改善したもので，蓄積型撮像管の最初のものであった。

イメージオルシコンは白黒テレビ放送の時代に活躍した撮像管であった。

つぎに，光量に応じて電気抵抗が変化する光電効果を用いた光導電型撮像管が出現する。RCAのWeimerらが考えた三硫化アンチモン，Sb_2S_3を光導電

2.6 撮像デバイスの歩み   39

表 2.3 初期の撮像デバイスの推移

機械式	ニポーの円盤（1884 年 Nipkow）
電子式	解像管・Image Dissector（1931 年 Farnsworth）
イメージ型	アイコノスコープ（1933 年 Zworkin） イメージオルシコン（1946 年 Zworkin） SEC（1964 年 Westinghouse）　SIT（1971 年 RCA）
光導電型	ビジコン（1940 年 RCA）　　　　プランビコン（1962 年 Philips） カルニコン（1971 年東芝）　　　サチコン（1972 年 NHK・日立製作所） ニュービコン（1974 年松下電器）
増倍型	HARP 管（1994 年 NHK）
固体	ホトスキャナ（1963 年 Honeywell）　TFT（1964 年 RCA） スキャニスタ（1964 年 IBM） Phototransistor Array（1966 年 Westinghouse）　BBD（1969 年 Philips） CCD（1970 年 Bell）　　CID（1971 年 Philips）　CPD（1979 年松下電器） CSD（1984 年三菱電機）　アコーディオン CCD（1984 年 Philips） CMOS センサ（1993 年 Fossum）

膜に用いたビジコンは産業用，家庭用のカメラに盛んに用いられた。

　世界初の家庭用単管式カラーカメラは色フィルタ内蔵のビジコンが使われたもので，1974 年東芝から当時の価格で 29 万 8 千円で発売された。本格的な家庭用カラーカメラのルーツであった[19]。

　ビジコンは残像が多いのが欠点であったが，光導電膜に PbO を用いたプランビコンはこれを解決し，放送局用のカラーカメラにはほとんどの機種で採用された。

2.6.2 固体撮像デバイスの歩み

　実用的な固体撮像デバイスの研究開発は CCD の発明以降になる。当初は BBD[20]，CID[21),22)] を含めて電荷転送素子（charge transfer device，略して CTD）とも呼ばれていた。

　CCD の出現によって，固体撮像デバイスの研究開発は一気に加速されていくことになった。日本では東芝，NEC，日立製作所，松下電子工業，ソニーなど大手半導体メーカが一斉に研究開発に乗り出した。1980 年代はテレビジョン学会（現在，映像情報メディア学会）でイメージセンサの研究会を開くといつも会場に入りきれないほどの技術者が集まり，閉会後もメーカ間の垣根を

越えて，夜遅くまで熱心にアイデアを考え，議論して，技術力の向上を図り，力を合わせて製品化を目指していた．これが現在の日本の撮像技術が世界トップになったエネルギーであろう[23)〜26)]．

CCDカメラがなかなか製品化されなかった最大の理由は，傷欠陥とゴミとの戦いであった．イメージセンサでは大面積の感光面を持ち，20万画素のセンサが無欠陥で動作しなければならない．各メーカは量産化に見込みをつけて，製品化の報道発表をしても実際の製品が出てくるまでにかなりの時間を要していた[27),28)]．

2.6.3 他の撮像デバイスの歩み

〔1〕 **MOS 型** 1980年代に日立製作所から実用化されたMOS型[29)]は画素内増幅器が設けられていなかった．npn構造[30)]や非破壊読出し，走査線ごとに画素を1/2ピッチずらす，画素ずらし[31)]など数々の技術開発が行われた．また，固定パターンノイズの抑圧方式も開発された[32)]．さらに，各画素に水平スイッチトランジスタを設けることにより，信号読出しを水平線にしたTSL（transversal signal line）方式で特性改善が図られた[33)]．しかし，CCDの低ノイズに勝てず，いったん姿を消すことになった．

〔2〕 **積 層 型** CCDやMOS型センサをスイッチだけに使い，上部に積層された光導電膜で光電変換を行うことにより，開口率の向上を図ろうとするものであった．

CCDやCMOSセンサでは，光電変換するホトダイオードとスイッチングや転送の走査回路が半導体チップの同一平面上に形成されている．このため，光の利用率が悪く，開口率が大きく取れなかった．光電変換と走査を積層構造にすればそれぞれが自由に設計でき，開口率も100％近くに向上できると考えられた．日立製作所[34),35)]，松下電器[36)]，東芝[37)]等で研究開発され，HDTV用の200万画素が開発され[38),39)]，放送用カメラにも使われたことがあった[40)]．

〔3〕 **増幅型等** ホトダイオードで光電変換された信号電荷をMOS-FETで増幅するAMI（amplified MOS intelligent imager）が，NHK，オリ

ンパス光学工業，三菱電機などで研究開発が進められた[41]~[43]。

また，CCDとMOS型の長所を合わせたCPD（charge priming device）[44]，CCDの改良型CSD（charge sweep device）[45]，アコーディオンCCD[46]などもあった。

一方，静電誘導ホトトランジスタで光電変換するSIT（static induction transistor）[47],[48]，が東北大学とオリンパス工業で，CMD（charge modulation device）[49],[50]がNHKとオリンパス光学工業で，APD（avalanche photodiode device）[51]，FGA（floating gate amplifier）[52]，BASIS（base stored image sensor）[53]等が研究されてきた。

談 話 室

最新技術情報の入手方法　撮像デバイスやカメラの技術の進歩は激しい。新しい情報をキャッチするには下記の方法がある。まず，映像情報メディア学会，IEEEの学会に入って毎月送られてくる学会誌を読むことである。電子情報通信学会，応用物理学会も参考になる。

つぎに，学会で開催される研究会開催通知を見て参加することである。1 000円ぐらいの予稿集の購入で参加できる。映像情報メディア学会情報センシング研究会（隔月開催），コンシューマーエレクトロニクス研究会（年4回開催）がある。このほか，8月には年次大会が3日間開催される。

海外ではIEDM（International Electron Devices Meeting，12月開催）とISSCC（International Solid-State Circuits Conference，2月開催）が最新の撮像デバイスの研究で注目される。カメラではICCE（International Conference on Consumer Electronics，6月開催）がある。

3 CCD，CMOS センサの特性と動作

3.1 CCD，CMOS センサの特性

3.1.1 感　　度

　CCD や CMOS センサでは光電変換はホトダイオードで行われるから，感度はホトダイオードの感度になる．2.4.1 項でも述べたが，ホトダイオードは図 3.1 に示すような n^+pn 構造が用いられ，n^+p の接合面 x_j から n 側，p 側に広がった空乏層の境界 x_n，x_p の間で発生したキャリヤが信号電荷として容量に蓄積されていく．短波長の光は基板表面で吸収されるため，n 拡散層が動作中には完全空乏化するように x_n を基板表面になるように設計する．

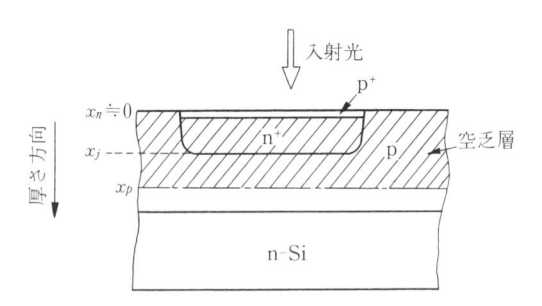

図 3.1　n^+pn ホトダイオードの断面構造

　一方，長波長の光は基板内部に到達し，x_p より内部で発生したキャリヤは基板で再結合して信号電荷として寄与しない．なお，半導体表面では界面準位による再結合のために短波長感度が低下するが，埋込みホトダイオードの構造

3.1 CCD，CMOSセンサの特性　　43

によってこれらを防いでいる。

n$^+$pn構造の分光感度特性は**図3.2**のように長波長がカットされて，可視光に対して感度があり，カラーカメラに好適な特性となる。

なお，オンチップマイクロレンズは感度向上に著しい効果があった[1]。

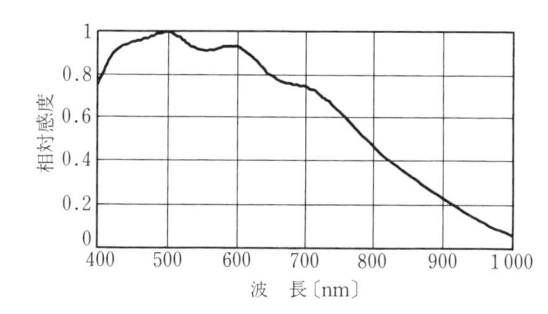

図3.2 CCDの分光感度特性

3.1.2 光電変換特性

発生する信号電荷の量は入射光の強さと照射時間の積，すなわち，入射光量で決まる。入射光量と信号出力の関係を光電変換特性という。入射光量は感光面の照度，面照度 lx で信号出力は μA で表す。

信号出力を i，入射光量を E とすると，これらの関係は

$$i = kE^\gamma$$

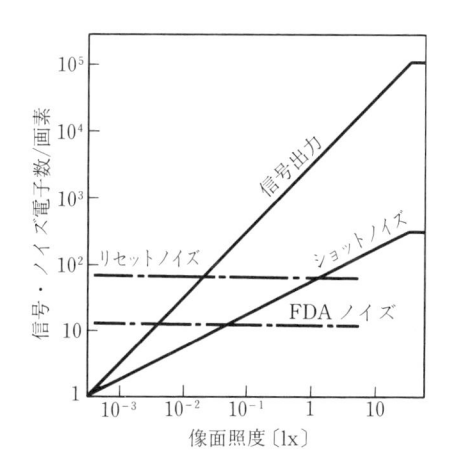

FDA：フローティングディフュージョンアンプ
(6.1節参照)

図3.3 CCDの光電変換特性

となる。ここで k は定数で，係数を γ（ガンマ）という。式から明らかなように，入出力を対数でとれば傾斜がガンマになる。CCD, CMOS センサの光電変換特性は図 3.3 に示すように，直線的になり，ガンマは 1 である。通常，信号電荷の最大値は蓄積容量の飽和で制限され，最小値は暗電流による固定パターンノイズ（fixed pattern noize，略して FPN），検出アンプのノイズレベルなどで制約される。この直線範囲をダイナミックレンジという。

3.1.3 暗 電 流

半導体デバイスでは，光を遮断した状態でも時間とともに電荷が蓄積されてくる。このように，光に関係なく蓄積される電荷を暗電流という。この暗電流の要因は，pn 接合の空乏層内で熱的に励起される電子と正孔による発生再結合電流がほとんどである。暗電流は一様であれば，電気的に補正，除去することもできる。感光部の一部に遮光部を設けて，暗電流の基準値を検出し，この値をクランプして，ここからの変化量で信号成分だけが得られる。

ところが，画素ごとに暗電流が異なると，このような補正手段では除去できず，FPN となって，やっかいなことになる。しかも，温度とともに変化し，10 °C で 2 倍に増加するように一定ではない。撮像デバイスの検査では温度を 60 °C に上げた状態で FPN を測定して良否の判定を行っている。

暗電流の低減に効果のあった技術は埋込みホトダイオード[2),3)]である。半導体表面で発生する暗電流を抑制し，これによる固定パターンノイズも改善できる。

3.1.4 ブルーミング

ホトダイオードに飽和光量以上の強い光が入射すると，信号電荷があふれ，周囲の画素に余剰電荷が入り込み，光の当たらない部分までが明るく膨らむ現象をいう。

CCD の場合は画素に並列に垂直転送部が配列されており，ここに漏れ込むと垂直方向に広がって垂直の縞となって画質を損なうことになる。

ブルーミングを避けるために，縦型オーバフロードレーン構造（vertical overflow drain，略してVOD）が作られ，余剰電荷を基盤内部に捨て去るような構造がとられている[4),5)]。これは図3.4に示すように，n型基板の表面につくられたp-wellの中にホトダイオードを形成し，p-wellとn型基板間に加える逆バイアス電圧により，p-wellを完全空乏化する。ホトダイオードに強い光が入ると，ホトダイオードの電位が下がり，n^+p接合が浅くなる。その結果，これ以上の過剰電荷はn^+pnの経路を通って基板側に捨てられる。この構造によって，余剰電荷が他の画素や転送電極に入り込む前に捨て去ることができ，ブルーミングは実用上，問題ない程度に抑え込まれるようになった。

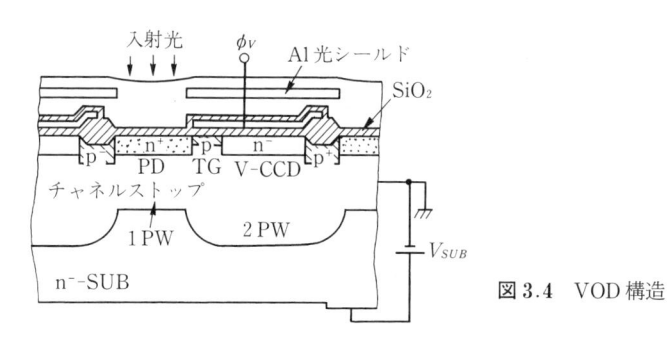

図3.4 VOD構造

なお，MOS型撮像デバイスではnpn構造はこれより早く，取り入れられた経緯がある[6)]。

また，CCDではホトダイオードに並列にオーバフロードレーンを設けて余剰電荷を捨て去る方法も採られていた[7)]。

3.1.5 ス ミ ア

スミアはCCDに特有の欠点であり，CMOSセンサとの比較でいつもマイナス要因とされてきた。光の漏込みにより，口絵2（a）に示すように，垂直方向に縞状の明るい帯ができる現象である。スミアの発生は，信号電荷を垂直転送部を通して読み出すことに起因している。垂直転送部は極力完全に遮光が行われ，入射光の漏込みがないように設計されているが，100％完全ということ

46　　3. CCD，CMOSセンサの特性と動作

は難しい。境界部分での遮光の不完全，多重反射による側面からの光の混入，遮光膜の不完全等の要因が挙げられる。

　垂直転送は1Vの期間，16 msにわたって行われるから，強烈な光のスポットが当たっている箇所を通るたびに光が漏れ込み，垂直方向に帯状に光をかぶる。1画素当りの漏込み量はスポット光線が当たる所を通過する時間であり，1ラインの期間，64 μsである。スポット光が数画素の広がりを持っていれば，64 μs×数画素光をかぶる。

　スミアを避けるためにFIT-CCDが使われるが，ここでは垂直転送は高速で行われ，信号電荷は速やかに蓄積CCDに転送される。IT-CCDの垂直転送周波数はNTSC方式の場合，15.74 kHzであるから，FIT-CCDの高速垂直転送周波数を1 MHzとすれば，15.73/1 000≒1/63にスミアは低減される。

　実際のデバイスではIT-CCDで−80～−100 dB，FIT-CCDでは−120～−140 dB程度まで抑え込まれている。

3.1.6　残　　　　　像

　残像は，感光部に蓄積された信号電荷が1回の読出しで完全に読み出されずに，つぎのフィールドまで残る現象である。残った信号電荷に新たに発生した電荷が加算されるため，画像が混合されてしまう。残像が大きいと被写体が移動したり，カメラをパンした場合に画面上に前の画像が残って口絵6のように不自然な画像になる。

　現在の固体撮像デバイスでは，残像は実用上問題ない程度にまで低減されている。原理的にはCCDの場合はホトダイオードから垂直転送部へ，CMOSセンサではフローティングディフュージョンアンプへ転送する際の取残しが問題になる。図3.5（a）に示すように，転送ゲート下のチャネルを介して信号電荷が転送される際に，信号が小さくなってくるとチャネルが弱い反転状態になり，読取りに時間がかかることが問題となっていた。現在では図（b）に示すように，ホトダイオードの拡散部分全体を完全空乏化する構造[8]にすることにより，信号が小さくなってもドリフトにより移動でき，完全転送ができる。

3.1 CCD，CMOS センサの特性　　47

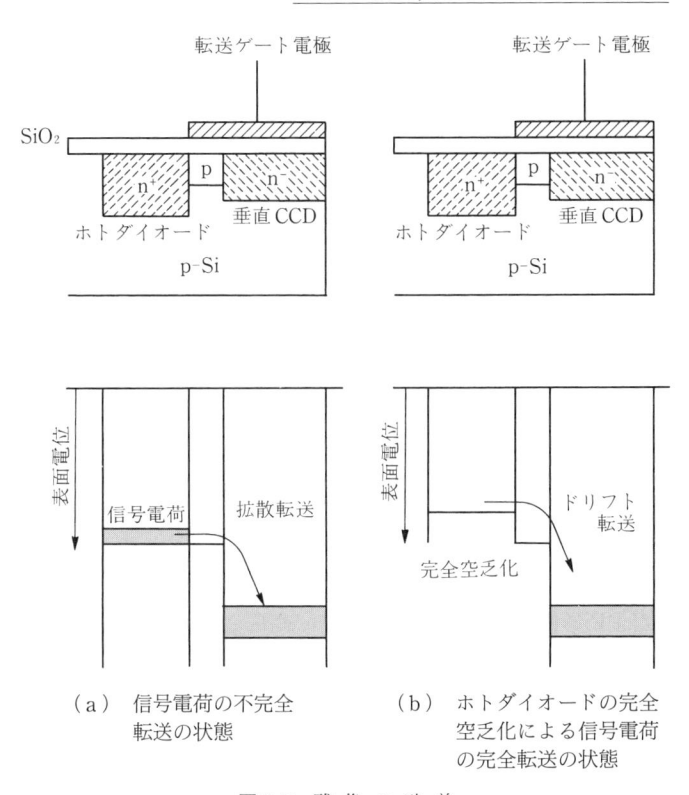

図3.5　残像の改善

(a) 信号電荷の不完全転送の状態
(b) ホトダイオードの完全空乏化による信号電荷の完全転送の状態

なお，残像にはフレーム蓄積に起因する，いわゆるフレーム残像があるが，これは駆動に関するもので，撮像デバイスの本質とは異なるので3.2.2項で述べることにする．

3.1.7　モ ア レ

撮像デバイスでは画素が離散的に配置され，その上に，撮像レンズで光学像が結像される．したがって，光学像は連続な画像であるが，光電変換される際にサンプリングが行われる．そこで，図3.6のように，画素ピッチ以上の高周波の光学像が入ると，折返しひずみが生じることになる．もとの信号成分とこの折返し成分とが重なるとモアレとなって，画面に現れ，画質を低下させる．

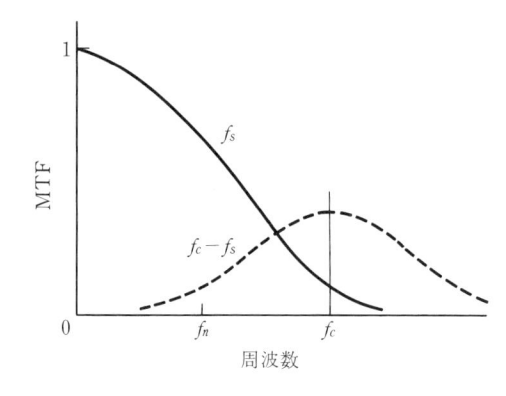

f_s：信号（被写体）周波数
f_n：ナイキスト周波数
f_c：サンプリング（画素ピッチ）周波数

図 3.6　信号と折返し成分の関係

これをモアレまたは aliasing という。

この成分は口絵 3 に示す CZP（circular zone plate）チャートで判定できる。図（a）のように本来，信号がないところにモアレが現れている。このモアレは光電変換の時点で入ってくるから，除去するためには 4.2.6 項で述べるような光学 LPF を使って，光学像の段階で高周波成分を除去しておかなければならない。

3.1.8　ノ　イ　ズ

CCD，CMOS センサのノイズには FPN（固定パターンノイズ）とランダムノイズがある。

FPN は特定の画素に発生するノイズで口絵 2（b）のような，画面内で一定の位置に固定して現れるもの，いわゆる素地むらが支配的である。これは，入射光に無関係で光を遮断した状態で CCD の温度を上げると，鮮明に見ることができる。

FPN にはこのほかに，ホトダイオードの開口面積のむら等に起因する光量依存性によるもの，駆動パルスの混入による縞状の FPN がある。

この要因には，製造プロセス上の問題と Si 結晶品質の問題がある[9]。

製造プロセス上の問題ではホトレジストの塗布むら，ホトマスクのピッチ誤差，遮光用の Al 材質に起因した不均一性等が大きい。例えば，ホトレジスト

はスピナで回転してウェーハ上に塗布するが，放射線状の塗布むら，膜厚のむらが発生することがある。

 Si 結晶品質の問題は不純物濃度むら（ストリエーション），結晶欠陥，界面準位等がある。基板の不純物濃度変動は 0.5 % 以下でなければならず，CZ や FZ ウェーハでは不可能で，ウェーハ面内の比抵抗分布が均一な Epi ウェーハが使われる。この Epi ウェーハの採用により飽和光量近辺の FPN は解消されている。

 白傷発生の主原因は活性領域に存在する汚染された結晶欠陥であり，空乏層内を無欠陥に保ち，プロセス途中で混入する重金属等の汚染物質を吸い出すゲッタリング処理が必要になる。

 これらはデバイス設計，プロセス技術，回路技術などの改良が加えられた結果，かなり軽減されている。ただし，多画素化，微細化が進み，画素の絶対値がいっそう小さくなるとわずかな変化が影響し，問題になる恐れがある。

 また，駆動周波数がいっそう高くなり，水平転送部を複数持つような 2 線読出し，多線読出し等を行うと，伝送路のわずかな違いが問題となる。

 さて，素地むらの FPN は暗電流に起因するもので，埋込みチャネルの採用[10]や埋込みホトダイオード等のデバイス技術の改良により，大幅に軽減されているが，まだ十分とはいえない。CCD の特性の限界は，実にこの FPN で決まるともいえる。

 標準の使用条件では画像で判別できないような検知限以下であっても，電子シャッタモードで信号量を小さくして使ったり，長時間蓄積で感度アップしたり，周囲温度が高い環境で使用すると条件が厳しく FPN が問題となる。IT-CCD 暗電流の温度依存性を図 3.7 に示す。

 ランダムノイズは時間的に不規則に発生するノイズである。ざらざらと動いて見えたり，低周波であると横筋状になって現れる。リセット雑音，検出アンプの雑音，暗電流のショット雑音，光ショット雑音等が考えられる。

 ショット雑音は，ホトダイオードで発生する信号電荷そのものが揺らぐためで，信号量の平方根に比例して発生する。暗電流を極力小さくするとともに，

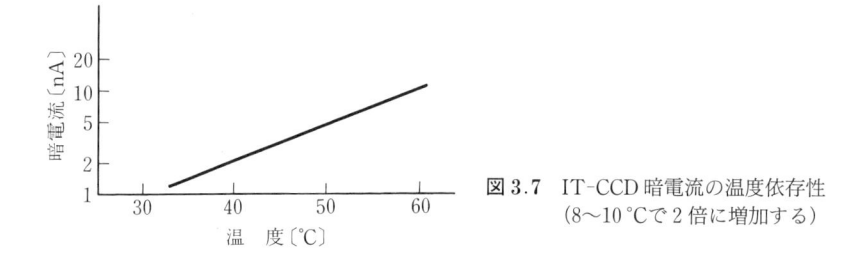

図 3.7 IT-CCD 暗電流の温度依存性（8〜10℃で2倍に増加する）

入射光によるものはある程度光を入れて信号量を増加するようにしなければならない。

一方，リセット雑音や検出アンプ雑音は回路技術の問題であり，本来目立つようなことはあってはならないものである。

3.1.9 解 像 度

撮像デバイスの画素は，図 3.8（a）（ⅰ）に示すように，縦横に規則正しく等間隔に配置されている。画素ピッチを水平方向 a，垂直方向 b とすると，周波数空間はフーリエ変換で求められるから，図（a）（ⅱ）に示すように $\pm 1/2a$ と $\pm 1/2b$ で囲まれた矩形の範囲となる。

一方，図（b）（ⅰ）に示すように，斜方格子配列になっている場合には空間周波数は図（b）（ⅱ）に示すように $\pm 1/a$ と $\pm 1/b$ で囲まれた菱形の範囲となる。

撮像デバイスでは，画素のうち光電変換に寄与するのはホトダイオード部分であるから，ホトダイオードの大きさが開口面積になる。1画素の開口部の大きさを水平 c，垂直 d，画素ピッチを a とする。画素のうち水平方向の開口率は $\alpha = c/a$ となり，ナイキスト周波数を f_n とすると $f_n = 1/2a$ であるから，水平方向の変調度 MTF は

$$\mathrm{MTF} = \frac{\sin\dfrac{\omega c}{2}}{\dfrac{\omega c}{2}} = \frac{\sin \pi f c}{\pi f c} = \frac{\sin\left(\pi \dfrac{f}{2f_n}\alpha\right)}{\left(\pi \dfrac{f}{2f_n}\alpha\right)}$$

となる。この式は図 3.9 に示すように，開口率 $\alpha = 1$ のとき，$f = 2f_n$ で MTF

3.1 CCD，CMOS センサの特性　51

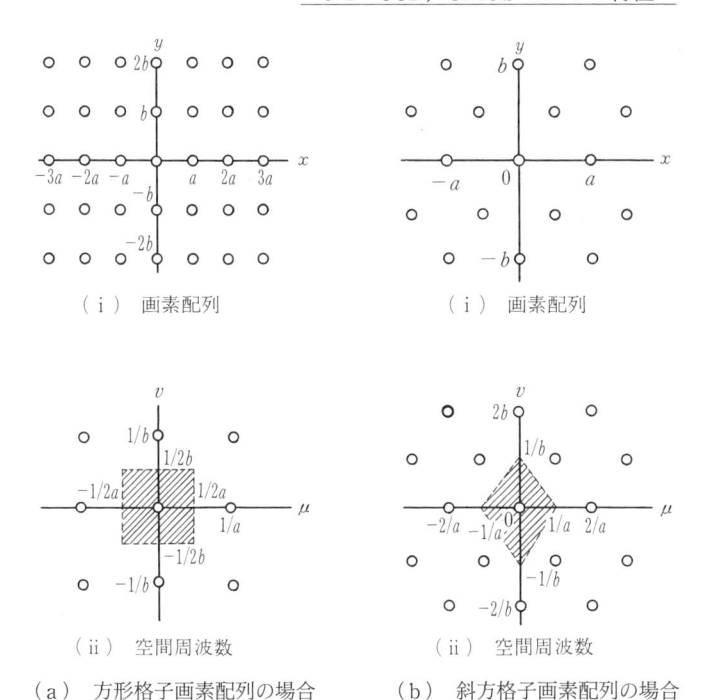

（a）方形格子画素配列の場合	（b）斜方格子画素配列の場合
（i）画素配列	（i）画素配列
（ii）空間周波数	（ii）空間周波数

図 3.8　画素配列と空間周波数の関係

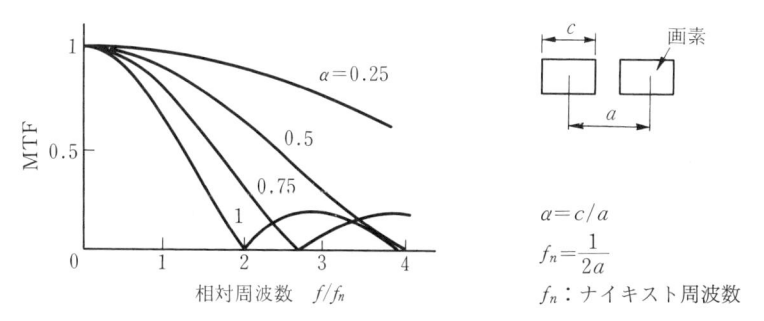

図 3.9　開口率と変調度の関係

$\alpha = c/a$
$f_n = \dfrac{1}{2a}$
f_n：ナイキスト周波数

は 0 になる。また，α が小さい方が変調度は大きくなる。しかし，ナイキスト周波数は変化がなく，折返しひずみを考慮すると，実際に利用できる周波数帯域は変わらない。

3.1.10 傷 欠 陥

CCD開発当初は，この傷欠陥がないデバイスをいかにして歩留まりよく製造できるかにかかっていた。傷欠陥の要因は洗浄用の水や水溶液に含まれる塵や，プロセス工程の塵埃などで，最先端のクリーンな環境で各工程が進められていった。1画素の面積が数 μm で，しかも感光面内で数十万個の画素が無欠陥のデバイスをつくらなければならず，CCDを流すことは工程のクリーン度をはかるダストセンサであるともいわれた。

量産工程が確立され，また，検査工程も改善された結果，傷欠陥のデバイスが製品レベルで混入することはほとんどない。しかし，製品歩留まり上は最大の課題である。

3.1.11 画像ひずみとシェージング

撮像デバイスでは画像ひずみ，シェージング，焼付き等も長年の課題であった。しかし，CCD，CMOSセンサでは画素の配置はホトマスクにより，ミクロンオーダで正確につくられ，走査もディジタルで行われるから，画像ひずみの生じる要因はない。その反面，走査の際に補正することはできないから，光学系でもひずみが生じないように正確に光学像をつくらなければならない。レンズの各種の収差によるひずみは画面にそのまま現れるし，3板式などでRGB光学像の大きさの違いがあるとそのまま色ずれとなってしまう。

シェージングや焼付けも正常なデバイスでは発生しない。ただし，最近のマイクロレンズをホトダイオードの上に乗せて，実質的に開口率を向上したようなデバイスでは，使用する撮像レンズによって，感光面の周辺部分で光が斜めに入り，中心部分と集光効果に差が出てシェージングとなることがある。

3.2 CCD の 駆 動

CCDの電荷転送の原理は2.3節で述べたが，撮像デバイスとして動作させるためにはこれだけでは不十分で，実際には複雑な駆動波形が必要である。こ

こでは代表的な IT-CCD を例にとり，実際の動作を説明しよう．

3.2.1　IT-CCD の基本動作

IT-CCD の基本構成は 2.3.2 項で述べたが，基本動作は下記のように分けられる．

① 光電変換：ホトダイオードで光による信号電荷の蓄積
② フィールドシフト：ホトダイオードから垂直転送 CCD への信号電荷のシフト
③ 垂直転送：垂直転送 CCD での信号電荷の転送
④ ラインシフト：垂直転送 CCD から水平転送 CCD への信号電荷の転送
⑤ 水平転送：水平転送 CCD での信号電荷の転送
⑥ 検出：出力ダイオードによる信号電荷の検出

まず，説明の便宜上，**図 3.10** のような水平 2 画素，垂直 4 画素のいわゆる 2×4 画素の CCD とする．垂直転送は 4 電極で電荷を転送する 4 相駆動 CCD，水平転送は 2 電極の 2 相駆動 CCD で形成されている．垂直転送 CCD のうち ϕ_{V2}, ϕ_{V4} が加わる電極はホトダイオードからの信号電荷をオンオフできるゲート電極も兼ねている．垂直転送 CCD と水平転送 CCD の間にある転送ゲートは，通常は垂直転送 CCD の ϕ_4 が加わる電極と接続して使用される．

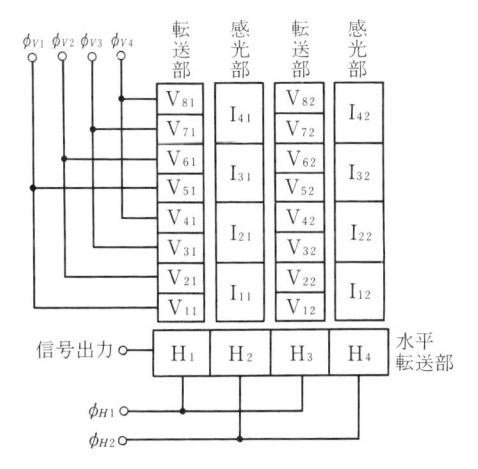

図 3.10　2×4 画素の IT-CCD

54　3. CCD, CMOS センサの特性と動作

　図 3.11 に IT-CCD の撮像のメカニズムを詳細に記し，**図 3.12** にこの動作に必要な垂直駆動波形を模式的に示す。この波形に沿って撮像のメカニズムを説明していこう。

① 光電変換

　撮像レンズによって結像された光学像が全面に照射されている。光の強さに応じて各ホトダイオード I には信号電荷が時間とともに蓄積されていく。このとき，図 3.12 の t_0 の状態で，ϕ_{V2}, ϕ_{V4} の電位は低く保たれ，ゲートはオフで垂直転送 CCD とは隔離されている。

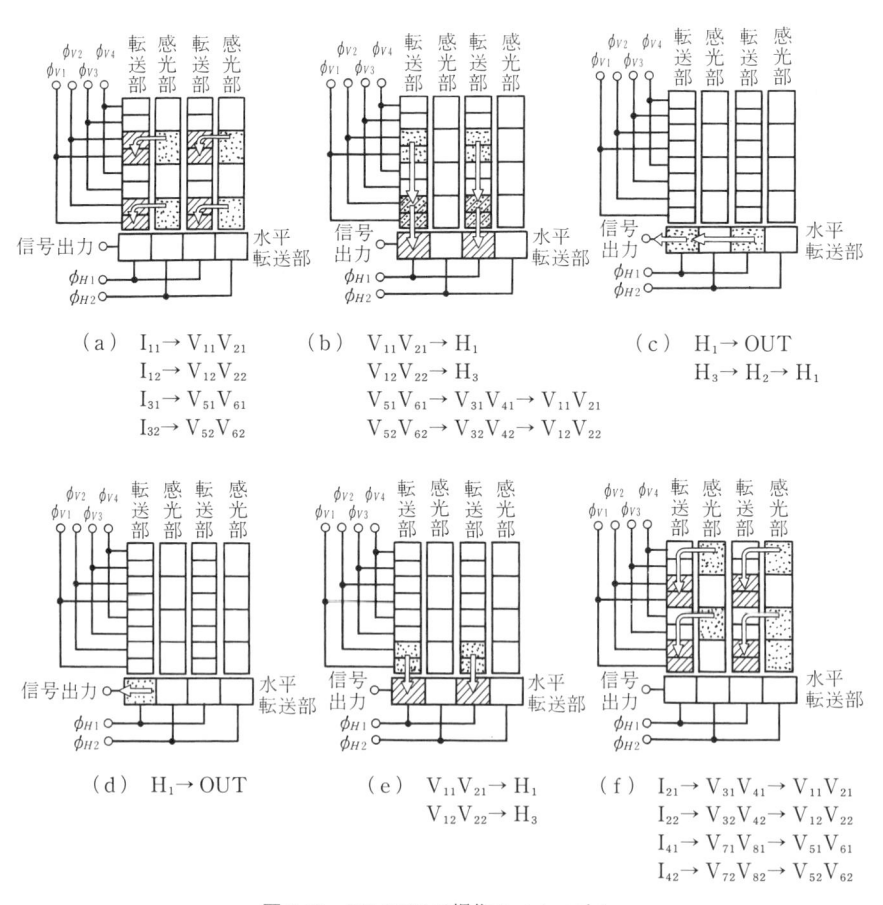

(a)　$I_{11} \rightarrow V_{11}V_{21}$
　　　$I_{12} \rightarrow V_{12}V_{22}$
　　　$I_{31} \rightarrow V_{51}V_{61}$
　　　$I_{32} \rightarrow V_{52}V_{62}$

(b)　$V_{11}V_{21} \rightarrow H_1$
　　　$V_{12}V_{22} \rightarrow H_3$
　　　$V_{51}V_{61} \rightarrow V_{31}V_{41} \rightarrow V_{11}V_{21}$
　　　$V_{52}V_{62} \rightarrow V_{32}V_{42} \rightarrow V_{12}V_{22}$

(c)　$H_1 \rightarrow OUT$
　　　$H_3 \rightarrow H_2 \rightarrow H_1$

(d)　$H_1 \rightarrow OUT$

(e)　$V_{11}V_{21} \rightarrow H_1$
　　　$V_{12}V_{22} \rightarrow H_3$

(f)　$I_{21} \rightarrow V_{31}V_{41} \rightarrow V_{11}V_{21}$
　　　$I_{22} \rightarrow V_{32}V_{42} \rightarrow V_{12}V_{22}$
　　　$I_{41} \rightarrow V_{71}V_{81} \rightarrow V_{51}V_{61}$
　　　$I_{42} \rightarrow V_{72}V_{82} \rightarrow V_{52}V_{62}$

図 3.11　IT-CCD の撮像のメカニズム

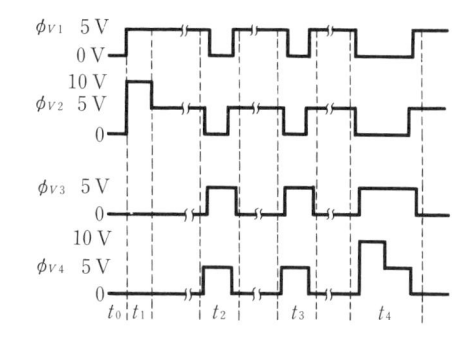

図 3.12 IT-CCD に必要な垂直駆動波形

② フィールドシフト

1/60 s が経過すると，図 3.11（a）に示すように，フィールドシフトパルスが ϕ_{V2} 電極に加えられて，ホトダイオードに蓄積された信号電荷が一斉に垂直転送 CCD にシフトされる．図 3.12 では t_1 の状態で，ϕ_{V2} だけが高電位に，他の電極は低電位に保たれる．

実際には，ϕ_{V2} に接続されている垂直方向の 1 行おきのホトダイオードに蓄積された信号電荷が取り出される．残りのホトダイオードには信号電荷は残されたままで，つぎの 1/60 s で，今度は ϕ_{V4} にフィールドシフトパルスが加えられ，残されたホトダイオードの電荷が取り出される．

この方式ではホトダイオードの垂直方向 1 行おきに信号が読み出されるので，信号の蓄積時間は 1/30 s，1 フレーム期間になっている．そこで，このような信号の読出しは 2 画素独立読出し方式，またはフレーム蓄積方式と呼ばれている．このとき，二つの電極のうちどちらかに加えるか，両方に加えるかは読出し方式によって決まる．いわゆる，2 画素加算か 2 画素独立か，またはフィールド蓄積かフレーム蓄積かの違いであるが，これについては 3.2.2 項で詳細に説明する．ここでは 2 画素独立読出しで説明を続けよう．

③ 垂直転送

信号電荷は各垂直転送 CCD の 4 電極のうち 2 電極だけに蓄積されている．そこに，4 相駆動波形が加えられると，図 3.11（b）に示したように 1 ラインごとの信号が並列に 2 電極ごとに図面下方に転送されていく．

この状態は図 3.12 では t_2 の状態である。4 相の駆動波形は垂直転送 CCD の段数だけ繰り返し加えられ，垂直転送 CCD に転送されていた信号電荷がすべて下方に転送されていく。

④　信号電荷の垂直水平変換

垂直転送 CCD の最下段に転送されてきた信号電荷は，図 3.11（b）のように転送ゲートにパルスが加えられると，垂直転送 CCD から水平転送 CCD へ 1 ライン分の信号電荷が並列に変換される。通常，この転送ゲートは ϕ_{V4} と結ばれていて，信号電荷が垂直転送 CCD の最下段に到達した時点でオンになり，運ばれてきた信号電荷が速やかに水平転送 CCD に転送される。この動作は図 3.12 では t_2 の範囲と同じで垂直転送と同時に行われる。

⑤　水平転送

水平転送 CCD に転送された 1 ライン分の信号電荷は，図 3.11（c）のように，2 相の駆動パルスで高速に左方向に転送され，順次読み出されていく。水平転送 CCD の信号電荷が空になると垂直転送が行われ，つぎの 1 ライン分の信号電荷が運ばれてくる。

⑥　信号電荷の検出

水平転送 CCD の左端には，転送されてきた信号電荷を電気信号に変換するための検出部が設けられている。転送されてきた 1 ライン分の信号電荷は，図 3.11（d）のように，ここで順次電流に変換され出力信号として取り出されていく。

3.2.2　IT-CCD の動作のポイント

〔1〕　フィールドシフト　　図 3.13 はホトダイオードと垂直転送 CCD の断面を模式的に示したもので，この図を用いて，フィールドシフトの状態を説明しよう。垂直転送で動作しているときは図（a），（b）の状態で各電極には +5 V と +0.5 V が交互に加えられ，垂直転送 CCD では障壁と転送が繰り返され，垂直方向に電荷が転送されていく。このとき，ホトダイオードとの境界はバリアが形成されているので，ホトダイオードからの信号電荷は混入する

3.2 CCDの駆動　57

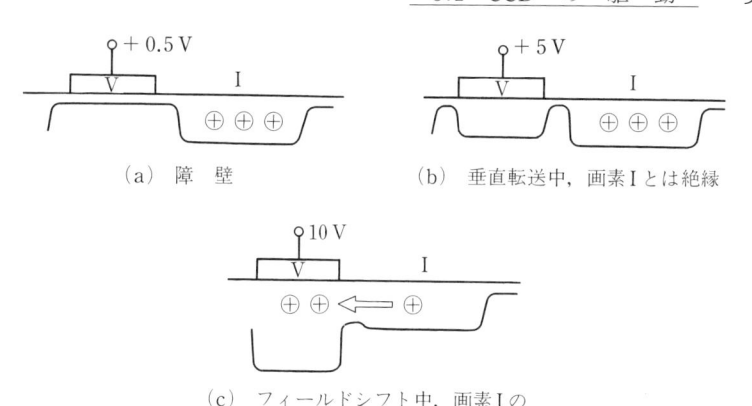

図3.13　ホトダイオードと垂直転送CCDの断面模式図

(a) 障壁
(b) 垂直転送中，画素Iとは絶縁
(c) フィールドシフト中，画素Iの信号が垂直転送CCDへ移動する

ことはない．図（c）で＋10Vのフィールドシフトパルスが印加されると，バリアがなくなりホトダイオードから蓄積された信号電荷が垂直転送CCDに転送される．

〔2〕**フレーム読出しとフィールド読出し**　IT-CCDにはフレーム読出しとフィールド読出しの2方式がある．前者を2画素独立読出し，後者を2画素加算読出しともいう．以前にはフレーム蓄積，フィールド蓄積とも呼ばれたが，電子シャッタによって蓄積時間が制御できるようになり，この呼び方がふさわしくなくなったので，フレーム読出しとフィールド読出しと呼ぶことにする．テレビジョン信号がインタレース，飛越し走査で信号の撮像，表示を行うことから生じたものである．通常は印加する駆動パルスによって方式を選択できるようになっていて，使用目的によってそれぞれ特徴ある画像を得ることができる．現在では，後者のフィールド読出し方式が用いられることが多い．

図3.14にフレーム読出し，図3.15にフィールド読出しの原理を示す．

フレーム読出しは，図3.14に示したように，まず，感光部のホトダイオード全画素のうち，垂直方向に1行おき，奇数行目の画素の信号電荷を読み出し，つぎのフィールドで残りの偶数行目の画素の信号電荷を読み出す．各画素の信号読出し周期がフレームごとであることからフレーム読出しと呼ばれる．また，インタレースの信号に着目すると垂直方向に1画素ずつ独立して読み出

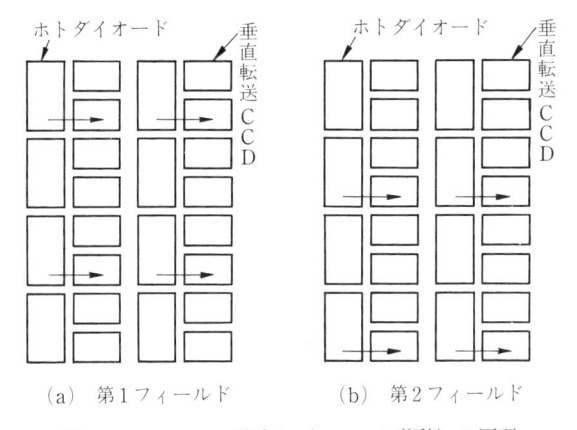

(a) 第1フィールド　　　(b) 第2フィールド

図3.14 フレーム読出し（フレーム蓄積）の原理

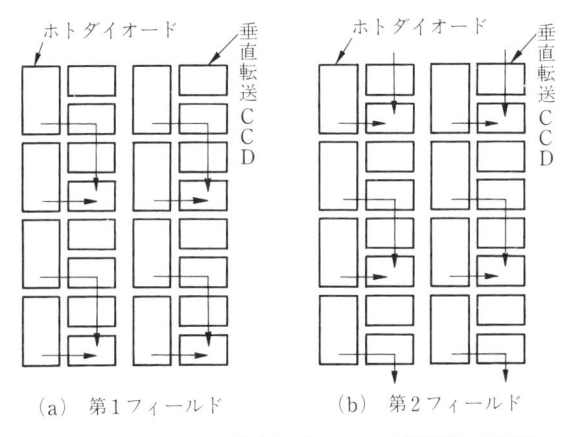

(a) 第1フィールド　　　(b) 第2フィールド

図3.15 フィールド読出し（フィールド蓄積）の原理

していくから，1画素独立読出しとも呼ばれる。

一方，図3.15に示す方式がフィールド読出しで，まず奇数フィールドで垂直方向奇数行目と偶数行目の画素の信号電荷を加算して読み出す。つぎの偶数フィールドでは組合せを変えて，偶数行目と奇数行目の画素の信号電荷を読み出していくものである。この場合には，1フィールドで全画素の信号電荷を読み出してしまう。各画素の信号読出し周期がフィールドごとであることからフィールド読出しと呼ばれる。また，インタレースの信号に着目すると，垂直方

3.2 CCD の駆動

向に2画素ずつ加算して読み出していくから，2画素加算読出しとも呼ばれる。

実際に，フィールド蓄積で信号電荷を読み出すには駆動波形に工夫が必要である。垂直転送 CCD は4電極で1画素の信号電荷を転送できるが，ホトダイオード2画素分の信号電荷を加算しなければならない。

そこで，まず ϕ_2, ϕ_4 にフィールドシフトパルスを印加して，隣接ホトダイオードに蓄積された信号電荷をそれぞれ ϕ_2, ϕ_4 電極下に転送する。つぎに，ϕ_3 電極に $+5\,\mathrm{V}$ を印加すると信号電荷は ϕ_2, ϕ_3, ϕ_4 電極下に広がり混合され，ϕ_2 電極が $+0.5\,\mathrm{V}$ になると ϕ_3, ϕ_4 電極下で加算される。以下通常の垂直転送が行われる。

フィールド読出しが2画素加算であるのに対し，フレーム読出しが各画素を独立して読み出していくから，垂直方向の解像度は若干高くなる。その反面，各画素の蓄積時間が $1/30\,\mathrm{s}$ と長いので，いわゆるフレーム残像が発生する。被写体が移動する，カメラをパンすると前の画像が残り，残像となって現れる。これは著しく画質を劣化させるから，動画像の撮像にはフィールド読出しが用いられている。

なお，次項に述べる電子シャッタ動作により，蓄積時間の制御が可能になり，フレーム読出しでも蓄積時間をフィールド期間にでき，フレーム残像を改善できるようになってきた。

1画素の信号電荷の最大容量が一定の場合には，フィールド読出しの方が蓄積時間が短い分だけ2倍近く光を入れることができる。2画素を加算して信号電荷が得られるから，信号成分が2倍になり，SN比がよい画像が得られる。

〔3〕 **電子シャッタ**　3.1.4項で VOD，縦型オーバフロードレーン構造を述べたが，これを利用して基板方向に不要電荷を捨て去ることが可能になり，任意の時間で電子シャッタ動作ができるようになった。ホトダイオードに一定な光が当たると，時間とともに比例して信号電荷が増加する。図 3.16 は，この原理を示したものである。

テレビジョンの1フィールドは約 $1/60\,\mathrm{s}$ であるから，フィールド蓄積では $1/60\,\mathrm{s}$ ごとに信号電荷が読み出され，C_{60} まで蓄積された電荷が再び0にな

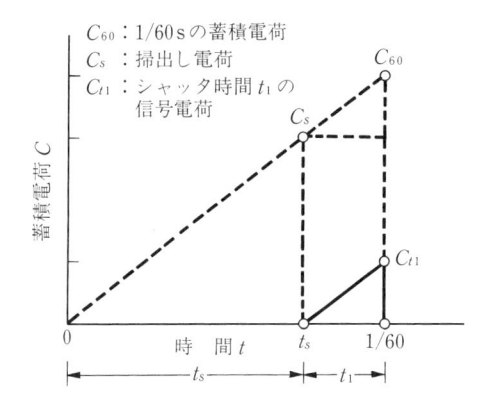

3. CCD，CMOS センサの特性と動作

C_{60}：$1/60\,\mathrm{s}$ の蓄積電荷
C_s：掃出し電荷
C_{t1}：シャッタ時間 t_1 の信号電荷

図 3.16　電子シャッタの原理

る。シャッタ速度は $1/60\,\mathrm{s}$ と考えられる。

　ここで，フィールドシフトパルス以外に，ある時間経過後に掃出しパルスを加えると，そこまでに蓄積された信号電荷が基板方向に消去され，信号電荷は 0 になる。光は連続して当たっているから，再び信号電荷の蓄積が開始される。

　掃出しパルスからフィールドシフトパルスまでの時間 t_1 を電子シャッタ時間に設定する。$(1/60\,\mathrm{s})-t_1=t_s$ の時間経過後に掃出しパルスを加えると，それまで蓄積されていた信号電荷 C_s はホトダイオードから基板に消去され，ホトダイオードの蓄積電荷は 0 になる。光は連続して当たっているから，同じ傾斜で再び信号電荷の蓄積が開始され，電子シャッタ時間 t_1 経過後には C_{t1} の信号電荷が得られる。

　このように電子シャッタ時間は，任意の時間に設定することができる。

　電子シャッタの利用は CCD 動作で数々のメリットを生み出した。高速シャッタ，自動光量調整，蛍光灯のフリッカ防止，ダイナミックレンジ拡大などである。

　被写体が高速で移動するときには，高速電子シャッタにすればぶれのない鮮明な画像が撮像できる。レンズのメカニカルシャッタを使わないで，しかも全画素が同時に露光でき，精度の良い高速シャッタ動作ができる効果は大きい。しかし，図 3.16 のように本来信号となる電荷 C_s を不要電荷として捨ててし

まうので，C_{t1} は小さな値となる。したがって，光が弱いときに，電子シャッタを用いるとレンズの絞りをあけるか，補助ライトが必要になる。

このことを逆手にとって，自動光量調節が行える。光が 2 倍になったときにシャッタ時間を 1/2 にすれば同じ信号電荷が得られる。このようにして，撮像レンズの絞りを変えないで，電子シャッタだけで自動光量調節を行うことができる。この方式を使えば，レンズの絞り機構が不要になるというメリットがある。太陽光線の下から夜間の照明下まで明るさが，広範囲に変化する場合の撮影が要求される監視用カメラなどで実用化されている。

一方，蛍光灯の照明は電源周波数の 2 倍の周波数で点滅している。50 Hz 電源地域で，NTSC 方式の 1/60 s で撮像するとフリッカが生じるが，1/100 s の電子シャッタで撮像すれば，図 3.17 のように，どのタイミングでも積分値として同一の光量となるので，フリッカのない画像が得られる。これは PAL 方式のように，1 フィールドが 1/50 s の場合に，60 Hz 電源地域で撮影する際にも同様で，1/60 s の電子シャッタモードにすればフリッカのない画像が得られる。

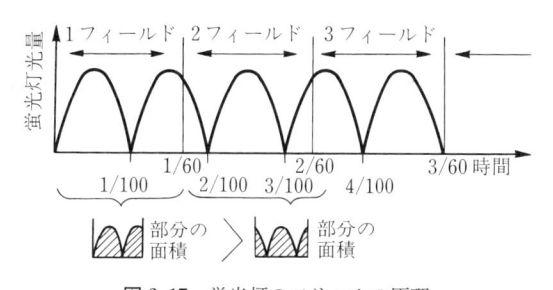

図 3.17 蛍光灯のフリッカの原理

ただし，電子シャッタも万能ではない。不要電荷を捨てて信号電荷を小さくするだけで，ノイズは一定のままである。そこで，SN 比やスミアはシャッタの割合だけ劣化して見えてくる。1/6 000 s の電子シャッタを使うと，通常の 1/60 s に対して信号は 1/100 になるから，SN 比，スミアは 40 dB 厳しくなる。

また，電子シャッタを 1/60 s より長くして，長時間露光とし暗視カメラとして，感度を上げることもできる。1/5 s とすれば露光時間が 12 倍になり，それだけ感度を稼ぐことができる。しかし，この期間で信号は連続して得られな

いから，間欠撮影になる．普通にはフィールドメモリで信号を補完して補っている．

長時間露光でもいくらでも長くできるわけでなく，半導体の暗電流の増加によるSN比低下で制約される．

3.3 CMOSセンサの駆動

3.3.1 ローリングシャッタ

CCDでは，感光面のホトダイオードに蓄積される信号電荷は，どの画素でも同時刻，同時間に到達された光に反応していた．すなわち，全画素で，残留電荷の消去が同時に行われる同時リセット，蓄積された信号電荷が垂直CCDに一斉に転送される同時転送が行われるため，光電変換されるタイミングが同一であった．

これに対して，CMOSセンサでは基本的に画素ごとにリセット，読出しが行われるので，順次走査の場合には，画素ごとに光電変換される時間がずれていき，異なっている．すなわち，信号電荷の読出しは順次行われ，読出しの直前までに蓄積された信号電荷がただちに読み出される．

最近のCMOSセンサではラインごとに信号を処理していくコラム読出しが採用されるので，画素ごとではなく，ラインごとに一斉にリセット，読出しが行われるので，ラインごとに光電変換される時間がずれていき，異なっている．

このような蓄積・読出し方法はローリングシャッタ方式と呼ばれる．これに対し，CCDのように画面全体で蓄積，読出しが一斉に行われる方式は，グローバルシャッタ方式と呼ばれる．

ローリングシャッタ方式には，二つの特徴がある．

〔1〕 **移動被写体の撮影**　被写体が高速に移動すると画像がひずむという問題が発生する．

図3.18（a）のように，黒い直線が水平左方向に高速移動するシーンを高

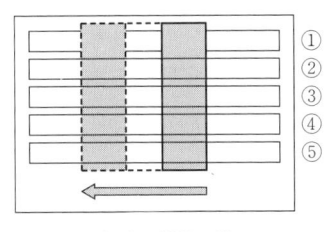

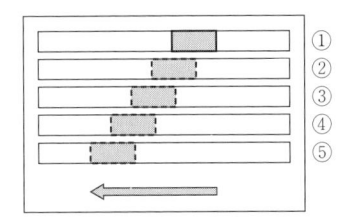

3.3 CMOS センサの駆動　63

　　　（a）撮像画像　　　　　　　　（b）表示画像
図 3.18　ローリングシャッタの特徴

速シャッタで撮影し，そのままで表示すると図（b）のように直線がひずんで撮影される。コラム読出しの場合，1 行目の画素で撮影された水平位置と，2 行目の画素で撮影された水平位置が走査線 1 本の時間差の 64 μs ずれるからである。これが順次積分されていき，最後の走査線 480 本では 30 ms に拡大される。したがって，30 ms の間にどれだけ被写体が移動するかによって，このひずみを計算することができる。

　ただし，実際には各画素は電子シャッタ時間，信号を蓄積しているので，画像のブレが生じ，ある程度輪郭がぼけた状態で撮影されることになる。

　被写体が静止している場合にはもちろん，このようなひずみは発生しない。

　CMOS センサでも画素内にメモリを設けることにより，各画素の蓄積時間を同時に行うグローバルシャッタを実現したものもある[11]。

　また，CCD のようなグローバルシャッタ動作のイメージセンサでは，全画面の画素が同時に蓄積，読出しされるので，このような症状は発生しない。

〔2〕**ダイレクト検出**　コラム読出しの CMOS センサでは 30 フレームの速度で読み出す場合には，上述したようにホトダイオード蓄積された信号電荷は，コラムシフトで 1 ラインの信号が一斉に水平読出しラインに移された後，順次読み出される。1 画素の読出しに要する時間は，水平ライン読出しの時間だけである。したがって，右端の画素では蓄積終了後，瞬時に，左端の画素でも 64 μs 後に読み出すことができる。

　これに対し，CCD ではホトダイオードに蓄積された信号電荷が，フィールドシフトパルスで，一斉に垂直転送 CCD に転送され，垂直転送により 1 ライ

ンずつ水平 CCD に転送される．さらに，水平転送 CCD で順番に出力端まで転送されていく．1 画素の読出しに要する時間は，垂直転送＋水平転送の時間になる．したがって，出力端に最も近い最後のラインの左端の画素こそ蓄積終了後瞬時に読み出されるが，右端では 64 μs 遅れる．さらに，出力端に最も遠い右端の画素では実に 30 ms もかかってしまう．

したがって，ローリングシャッタの CMOS センサでは撮影された信号がほぼ瞬時に読み出されるのに対し，グローバルシャッタの CCD では平均で 15 ms 遅れて読み出される．

時間遅れが許されないカメラの場合には CCD は使えないことになる．

3.3.2　グローバルシャッタとローリングシャッタ

いままで，二つの読出し方法について定性的に説明してきたが，時間軸を使って説明すると理解しやすい．図 3.19 はこの原理を示すもので，時間が進むにつれて画像の内容も変化している．連続して変化している画像を時間軸に対して，どの方向でサンプリングするかということで，二つの読出し方法がある[12),13)]．

グローバルシャッタでは一斉に，信号の蓄積，転送が行われるので，図(a)に示したように，時間軸に対して，垂直にサンプリングをしていくこと

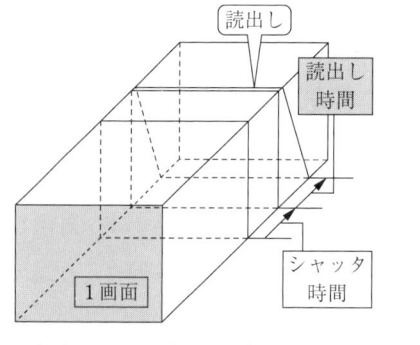

（a）CCD の読出し方法
　　　（グローバルシャッタの場合）
（b）CMOS の読出し方法 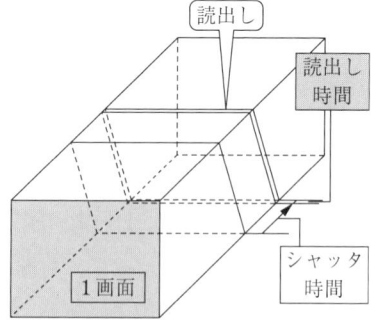
　　　（ローリングシャッタの場合）

図 3.19　シャッタ方式の原理

になる．したがって，全画素で時間ずれがない．

　しかしながら，読出しについては左上の画素は蓄積後，ただちに読み出されるが，徐々に時間遅れが生じ，右下の画素では蓄積時間終了後1フレーム時間（標準テレビジョンでは1/30 s）も遅れて読み出される．すなわち，時間軸に対して斜めに読出し画面が存在し，上下で時間差が開いてくる．

　一方，ローリングシャッタでは信号の蓄積，転送がラインごとに一定時間，遅れを生じていくため，図（b）に示したように，時間軸に対して斜めにサンプリングしていくことになる．蓄積時間は全画素同一であるが，蓄積，転送のタイミングが画面上下で1フレーム時間ずれることになる．

　しかし，信号はどのラインでも蓄積時間終了後，ただちに読み出されることになり，これも斜めになる．しかも，蓄積終了から読出しまでの時間差はごくわずかで，全画素でこの時間差はつねに一定になる．このことは高速処理を行う場合に大きなメリットとなる．

　要は時間軸をこのようにとると，画像という金太郎飴を垂直に切るのか，斜めに切るのかという議論に過ぎない．本来，画像は連続に変化しているのであるから，動画像の場合には垂直な画像の繰返しになるのか，斜めな画像の繰返しになるのかということで，大きな違いはない．しかし，静止画像を撮る場合は斜めに切るとひずんだ画像になることがあり，違和感のある画像となる．

　現在の表示のシステムは，垂直に輪切りをして表示しているだけの話である．

　大切なのは，車載カメラのように移動体を撮影して，その出力信号を使って，画像認識や警告，制御をしようとする場合である．例えば，車が時速120 kmで走行していると，この読出し遅れは1.1 mに相当する．したがって，ローリングシャッタのCMOSセンサでは衝突する前に車が停止できるという大きなメリットとなろう．

3.4 WDR 技術[14]

　感度，SN 比，解像度とともにダイナミックレンジは，カラーカメラにとって大きな課題である。

　海山の風景，雪景色や逆光のシーン，トンネルの出入り口などでは被写体のコントラストが大きく，見た目にきれいに見えてもカメラで撮れない場合がある。明るい部分が飽和し，暗い部分がノイズに埋もれて見えなくなる。口絵 5 にこの画像の様子を示す。

　これらを解決するためにはダイナミックレンジの拡大，WDR（wide dynamic range）技術が必要である。

　従来，CCD や CMOS センサでは写真のフィルムに比べてもダイナミックレンジの点では見劣りしていた。光電変換のホトダイオードに蓄積できる信号電荷の量が決まっていて，多画素化，微細化でますます画素サイズが小さくなり，条件はますます厳しくなっている。

　WDR 技術はいろいろと工夫され，一部に実用化もされてきたが，本格的な技術開発はこれからである。CCD では画素にトランジスタを加えることは容易でなかったが，CMOS センサになって画素の中に数々の工夫を取り入れることが比較的容易になってきたため，大幅な改良の可能性が出てきた。[15),16)]

　一方，信号処理でダイナミックレンジを拡大することは，回路処理を加えるだけで，イメージセンサ本来の性能がそのまま生かされるので，性能が低下せずに，実現可能である[16)]。

　ここでは CCD，CMOS センサで試みられている方式を概観し，実際のカメラに使った場合の課題を明らかにしよう。

3.4.1　ダイナミックレンジとは

　カメラのダイナミックレンジというといろいろな解釈が行われている[12)]。

　①　照明や太陽光が変化して，被写体の明るさ変化が大きいときにどれだけ

3.4 WDR 技術　67

　　対応できるか。
　②　カメラの100％出力から被写体の光量を増加してどこまで信号が伸びるか。
　③　1画面の中に明るい部分，暗い部分が混在しているときに，どの範囲まで飽和せずに撮れるか。

などであるが，①はカメラの自動露光調整（automatic exposure，略してAE）で容易に実現可能である。②は明るい被写体でカメラの信号出力が100 IRE，すなわち0.714 mVになるように調整されたカメラで，さらに明るい被写体を撮影した場合に信号の変化があるかどうかを測定するものである。放送用や監視用のカメラでは撮像デバイスの余裕を見て，飽和より小さいレベルで100％のカメラ出力が得られるように設定する。100％を超えた光が入っても，ガンマ特性やニー特性でわずかに信号出力が得られるようにしている。したがって，これはカメラの設定条件を見ているようなものである。JEITA（電子情報技術産業協会）の測定法でもこの規定が示されている[17]。

　③が撮像デバイスの分野で一般的に使われている内容である。これは狭義のダイナミックレンジといえるが，CCDやCMOSセンサを用いたカメラでも，最近はこの内容に統一される方向にある。ここでは③のWDR技術を述べる。

3.4.2　広ダイナミックレンジの基本

　まず，コントラストとダイナミックレンジとの関連を確認しておこう。

　映像情報メディア用語辞典[18]では，コントラストは「被写体や画像中の最大輝度と最小輝度の比」，ダイナミックレンジは「信号をひずみなく伝送，変換あるいは処理しうる最大のレベルと雑音や機器の性質で制限される最小のレベルとの比」とある。CCDやCMOS撮像デバイスの出力は図1.4に示したような入出力特性を持っている。ここでひずみなく変化できる範囲，それがダイナミックレンジであり，光入力に対して40～60 dBということになる。したがって，ダイナミックレンジを広げることはノイズレベルを下げること，飽和レベルを上げることである。

一方，電子シャッタやレンズの絞りで明るさを調整する手段は，図3.20（a）に示したように，図1.4の直線範囲を左右にずらすことである。したがって，被写体が変化したときに，どの範囲まで追随して撮れるかとなると，光入力に対して大幅に広がっている。

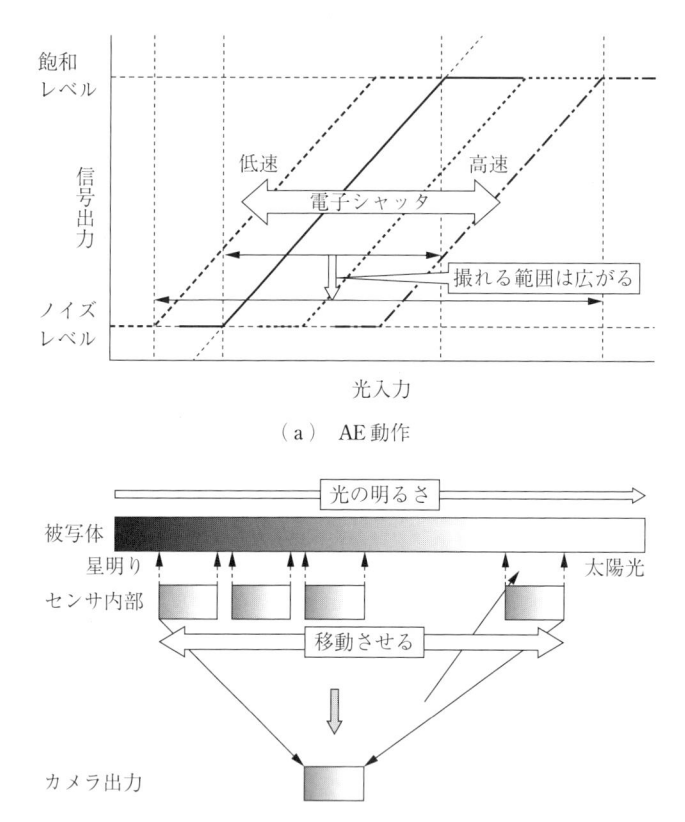

（a）AE動作

（b）ダイナミックレンジとカメラ撮影の考え方

図3.20　AE動作とダイナミックレンジ

さらに，被写体，撮像デバイス，カメラ出力の明るさの範囲を模式的に表すと，図（b）のように表すことができる。一般に，人が見る被写体の明るさの範囲は太陽光から星明りまでと広範囲である。これに対して，撮像デバイスのダイナミックレンジは極端に狭い。これを被写体の明るさに応じて，左右に動

かすことによって，部分的に撮影しているわけである。

このように考えると，人間の眼のダイナミックレンジ自体はそれほど大きくはなく，検出・制御がすばらしい，高度な AE 機能を備えていると考えることができる。この証拠には，眼底検査をする際に散瞳剤を入れられた状態で，屋外に出るとまぶしくて眼を開けていられない。絞りが開いた状態なので，屋内では困らないが，屋外のシーンは明る過ぎて見ることができないのである。したがって，眼も撮像デバイスと同様に部分的に見ることはできるが，明るさが混在しているシーンは苦手なのである。

3.4.3 広ダイナミックレンジ技術

広ダイナミックレンジ技術は撮像デバイスと信号処理の両面から新技術の研究・開発が盛んに行われている。

表 3.1 に，現在開発中の技術も含めて各種の広ダイナミックレンジ技術を示す。

表 3.1 各種の広ダイナミックレンジ技術

項 目	方 式	手 段
基本特性	飽和レベルの拡大 ノイズレベルの低減	画素面積拡大など 暗電流削減など
撮像デバイス	対数特性 横型オーバフロー容量 垂直 2 画素方式 画素内 ADC	MOS FET の閾値特性利用 オーバフロー電荷を再蓄積 高感度，低感度の 2 画素を垂直に配置 露光時間の異なる画素信号をおのおの ADC
カメラ技術	掃出し駆動 複数電子シャッタ	蓄積電荷の一部を削除 高速シャッタ，低速シャッタの時分割

漠然とダイナミックレンジを広げると，信号のコントラストが小さくなってしまい，本当に見たい被写体がノイズに埋もれて見えないという現象が起こりかねない。図 3.21 を見ていただきたい。ダイナミックレンジを広げることは横軸を広げることであるが，縦軸の範囲が限定されているままでは傾斜がゆるくなるだけである。車のように，被写体のコントラストが一定であると，かえって，信号の変化が小さくなってしまう。

70　3．CCD，CMOS センサの特性と動作

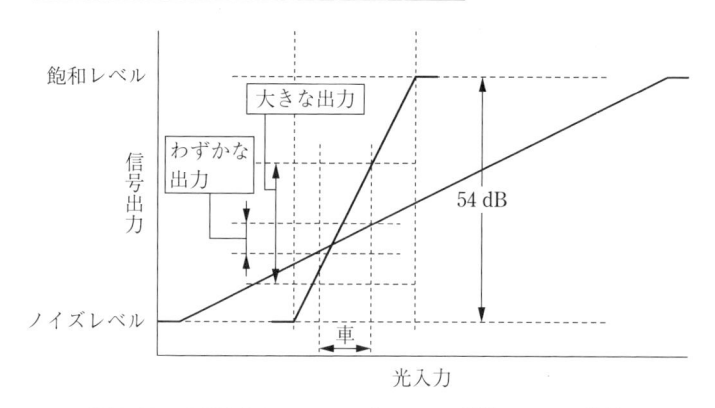

図 3.21 広ダイナミックレンジセンサと通常センサの比較

　星空の下で太陽光を見たいという場合は，カメラの用途としては限られたケースと考えられる。したがって，見たいものを確実に捕らえるためには，いたずらにイメージセンサでダイナミックレンジを広げるのではなく，むしろ，複数電子シャッタ方式に適応型処理を加えることにより，インテリジェントなカメラを作り出すことが必要であろう。

3.4.4　イメージセンサによる広ダイナミックレンジ技術

　CMOS センサが実用化されるようになって，画素内部に MOSFET を構成できるようになったことから各種の研究開発が行われている。

〔1〕**対数特性方式**　基本的には**図 3.22**（a）に示すように，ホトダイオードに直列に MOSFET を入れることにより，FET のサブスレッショルド領域を利用して対数特性を得るものである。FET のドレーン電流 I_d の対数と V_{th} が比例関係にあることを利用する。図（b）に示すように，ホトダイオードの電流 I_p，すなわち I_d と V_{th} が対数的に比例関係にあるから，入射した光信号に対してトランジスタの電圧 V_{th} が対数特性を示すことになる。

　この方式は，古くから内外のメーカで研究開発が行われてきた[19)~21)]。

〔2〕**横型オーバフロー容量方式**　フローティングディフュージョンに容量を設けることにより，ホトダイオードからあふれた電荷をためるようにし

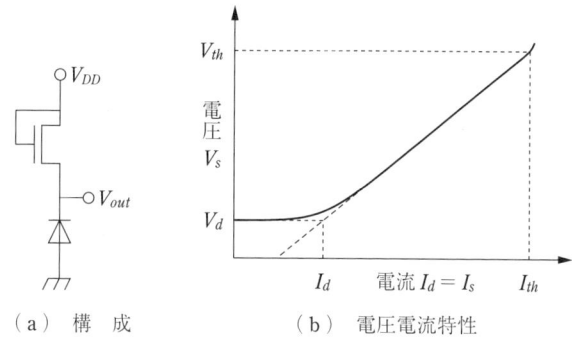

図 3.22 対数特性方式
(a) 構成 (b) 電圧電流特性

た，横型オーバフロー容量方式が開発されている[22]。東北大学の研究成果を日本 TI で開発中である。

〔3〕 **垂直 2 画素方式**　一つの画素内に高感度画素と低感度画素を設けることにより，これらの出力信号を合成する方式も開発実用化されている[23]。富士フイルムで製品化されている。

〔4〕 **Digital Pixel System**　画素ごとに最適露光条件を決めて，画素信号をおのおの A-D 変換してディジタルデータを読み出す。専用の image processor と組み合わせて使用する。Stanford 大学の研究成果を用いて Pixim 社で製品化された[24]。

〔5〕 **2 重露光蓄積分割読出し線形合成方式**　後述する複数電子シャッタ方式と分割読出しを組み合わせた方式である[25]。

ホトダイオードで 2 重露光蓄積した信号を分割して読み出し，蓄積時間が異なる二つの信号の光電変換特性が線形となるように線形合成変換処理を行う。この処理により CMOS センサからは一つの信号に合成して出力する。センサ出力 12 bit で 96 dB のダイナミックレンジを実現している。東芝で開発されている。

3.4.5　カメラによる広ダイナミックレンジ技術

イメージセンサに負担をかけないで，カメラ技術によってダイナミックレン

ジ拡大を行う方法が各種試みられている。これらは，基本的に電子シャッタ動作の応用と考えられる。表3.1に示したように，掃出し駆動による方法と複数シャッタ動作による画素合成方法に大別される。

〔1〕 **掃出し駆動**　CMOSセンサで光学像の光電変換はホトダイオードで行われる。

この動作を**図3.23**に示す。障壁を十分高くした状態（V_c）で，ホトダイオードに光が当ると，光量に応じて図（a）のように信号電荷が蓄積されていく。所定の蓄積時間が経過すると読出しパルスにより，障壁が下げられ（V_r），蓄積された信号電荷は図（b）のように，読み出される。読出しが終了すると，ホトダイオードの信号電荷は図（c）のようにほぼ空になる。再び，所定の電圧が加えられ障壁ができると，そこから再び信号が蓄積されていく。普通は，この信号蓄積時間は電子シャッタで制御される。

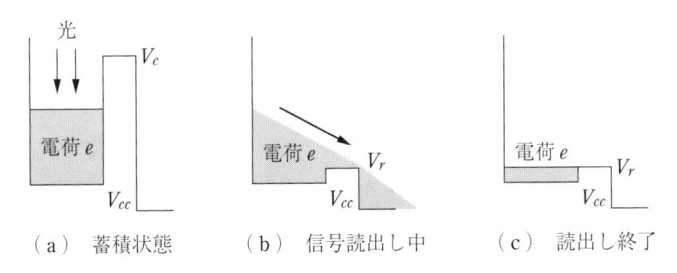

　　　（a）蓄積状態　　　（b）信号読出し中　　　（c）読出し終了

図3.23　信号の蓄積・読出し動作

ここで，ある程度蓄積が進んだ段階で振幅V_1になるようにリセットパルスを加える。すると，**図3.24**（b）に示すように，光が強くて信号電荷がV_1の

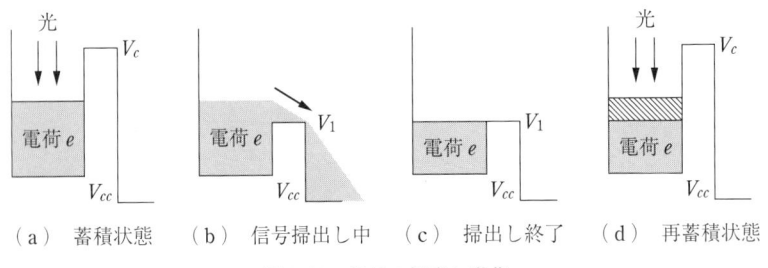

　（a）蓄積状態　　（b）信号掃出し中　　（c）掃出し終了　　（d）再蓄積状態

図3.24　信号の掃出し動作

値を超えて蓄積されていた画素では余剰電荷は消去される．信号電荷の一部は図（c）に示すように，蓄積されたまま，再びこの位置から信号電荷の再蓄積が始まる．このようにして，蓄積途中で一部の電荷を掃き出すことにより，図 3.25 に示すように，光電変換特性は折れ線を示すことになり，ダイナミックレンジが L_1 から L_2 に拡大される．

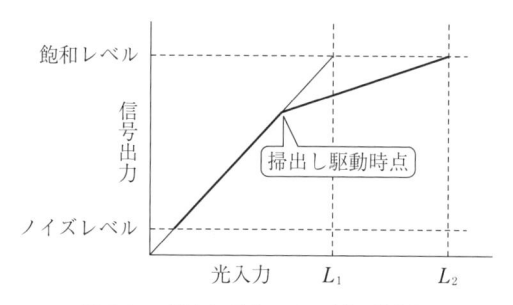

図 3.25 掃出し動作による折れ線特性

なお，光が弱くてまだ V_1 の値まで達していない画素は，このリセットパルスに影響されずに，そのまま蓄積が継続される．

図 3.24 ではリセットパルスを 1 回加える場合を示したが，複数回加えることにより，図 3.25 の折れ線が複数得られ，光電変換特性は曲線に近づいてくる．

この動作は，多くの CMOS センサで可能であり，白黒画像では実用化されている例が多い．

〔2〕 **複数電子シャッタ方式** 高速シャッタ t_1 と低速シャッタ t_2 の二つの信号を得る場合を考える．1 画素に入る光の強さが同じであれば**図 3.26** に

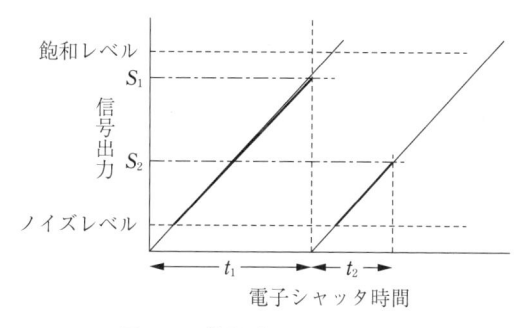

図 3.26 複数電子シャッタ方式

示すように，低速シャッタであれば S_1，高速シャッタであれば S_2 の信号出力が得られる。これは高感度画素と低感度画素が二つあるのと等価になる。そこで，これらの画素を合成すれば，ダイナミックレンジの拡大した画像が得られる。

これらの信号をどのように読み出すかで，いくつかの方式に細分化される。

最もオーソドックスなのは時分割で1画面ごとに低速シャッタ画像，高速シャッタ画像をCCDから読み出す方式である[26]。高速読出しが可能であればラインごとに読み出すこともできる。また，読出しを複数個設けられれば高速読出しが軽減される。

図3.27に，この方式を用いた回路構成を示す。

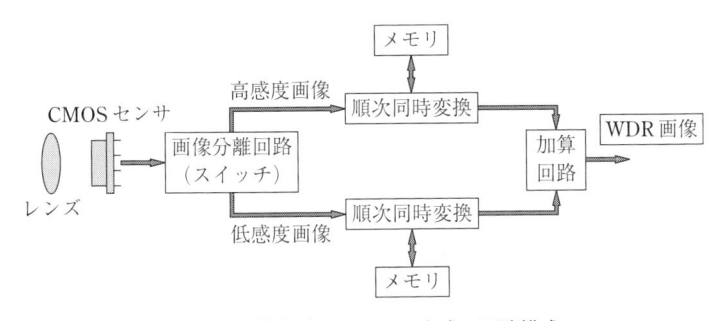

図3.27 複数電子シャッタ方式の回路構成

一方，CMOSセンサからの高速読出しを用いて4～5回の露光時間を繰り返して，短時間の読出しを行う複数露光時間信号バースト読出し方式が，静岡大学で研究開発されている[27]。

〔3〕 **適応型撮像方式**　この方式では低速シャッタ，高速シャッタのシャッタ速度を最適値に設定することでより効果が上がることがわかっている。これには適応型処理が行われる[28]。このカメラの動作原理は図3.28に示すように，低速シャッタと高速シャッタを画像の内容によって独立に制御する。これには画像を縦横に分割して，見たい被写体がどの明るさの範囲にあるかを検出し，その明るさの範囲の被写体が最適コントラストで撮影できるように電子シャッタのシャッタ速度を制御するというインテリジェントな制御を行う。この

3.4 WDR 技術

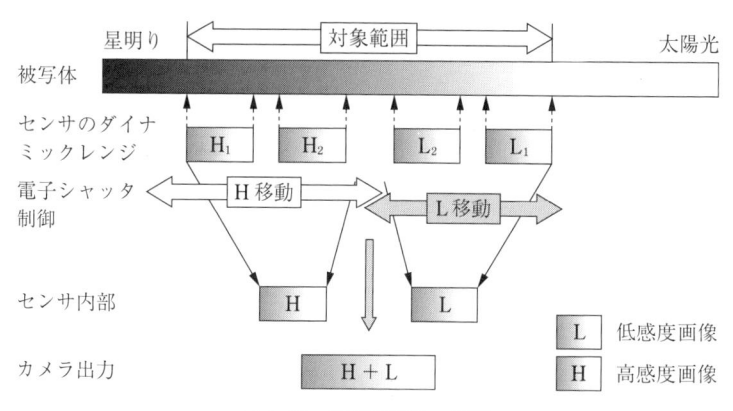

図3.28 適応型撮像の原理

方式は適応型撮像方式と呼ばれ，東芝で開発された。

　明るさが大きく変化するシーンの中で，注目したい画像だけを効率よく撮影できるこの方式は車載カメラのような，移動体に取り付けるカメラとして期待が大きい。

談 話 室

ダイナミックレンジ　広辞苑によれば「増幅回路などで，処理可能な音声・信号の最大値と最小値の差」とある。コントラストは「被写体あるいは映像・画像の最明部と最暗部との明るさの比」と記載されている。本書では光が入力された場合に，カメラとして飽和しないで出力可能な同一画面上の光の最大値と最小値という意味で使っているので，本来の姿であろう。

　JEITAの規定のようなカメラの余裕度を示すものは違和感があるし，AEを使って，撮れる範囲が広がったものは本来の使い方とは違うと考えられる。

4 撮像レンズと光学系

4.1 撮像レンズ

　撮像レンズは，被写体の光学像をイメージセンサの感光面上に結像するための光学レンズである。ビデオカメラでは，光学像の倍率を自由に変えることができるズームレンズが使われる。また，デジタルカメラでは 200 万画素，300 万画素のコンパクトカメラでは普及型レンズが，600 万画素，1 200 万画素の一眼レフタイプでは，プロでも使いこなせる性能重視の高級型レンズが使われている。また，携帯電話では持ち運びに便利な薄型レンズが使われてきた。最近では，メガピクセルのイメージセンサの採用に伴い，小型化が優先されながらも性能も無視できなくなっている。このように，撮像レンズは目的に応じて多様化し，さまざまなレンズが使われ始めている。

　撮像レンズの性能は，① 明るさ F 値，② 焦点距離 f，③ 解像度，④ 分光透過率，⑤ 周辺光量，⑥ ひずみ，⑦ ゴースト・フレア，⑧ 色収差などが重要である。

　さらに，機能面では電子回路とも関連するが，① 自動絞り，② 自動焦点，③ 電動ズーム，④ マクロ機構，⑤ ファインダ等が操作性を考慮する上で大切である。

　交換レンズや各種の光学フィルタを使う場合にはレンズマウント，レンズ前面の口径に注意しなければならない。

　各種実験に使いやすいCマウントレンズの外形を図 4.1 に示す。

4.1 撮像レンズ　　77

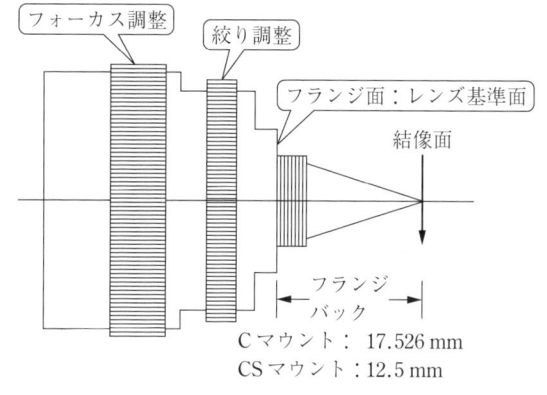

図4.1　Cマウントレンズの外形

4.1.1　口径比と明るさ

撮像レンズの口径が大きければ，沢山の光がイメージセンサに取り込めるので，明るい光学像が感光面上に結像される。

撮像レンズで，どれだけの光量が取り込めるかの尺度をレンズの明るさといい，F値で表される。レンズの口径をD，焦点距離をfとすると明るさFは

$$F = \frac{f}{D} \tag{4.1}$$

で表すことができる。

したがって，F値が小さければ明るいレンズ，大きければ暗いレンズということになる。

結像面の明るさはF値の2乗に反比例する。このため，F値は$\sqrt{2}$倍の刻みで表示される。1.4のつぎは2.0，2.8，4.0，5.6という具合になる。

一般に明るいレンズほど，暗いシーンでの撮像には便利であるが，その反面，周辺光量や周辺解像度が低下する傾向がある。また，被写体の焦点深度が浅くなるので，ピント合せを正確に行う必要がある。したがって，一般にはある程度明るさを絞って$F=5.6$や8.0程度にして撮影するとピンぼけのない鮮明な画像が得られやすい。

しかし，写真の効果を引き出すためには，F値を開いて撮影するときれい

な画像が撮れる。1.2 や 1.8 にして女性の顔や花をアップで撮影すると,周囲の景色がぼけて目的の被写体が引き立つ場合が多い。

4.1.2 面照度

撮像レンズでイメージセンサ上にどの程度の明るさの像が結像されているかを知ることは,カメラでは重要である。

被写体照度 E_0 の場合,撮像レンズで結像されたイメージセンサ上の感光面照度 E_1 は次式で示される。

$$E_1 = \frac{RT}{4F^2(1+m)^2} E_0 \tag{4.2}$$

ただし,R：被写体の反射率,T：撮像レンズの透過率,m：結像面の倍率である。一般には,$m \ll 1$ であるから m は省略できる。

イメージセンサで光電変換に寄与する光量は,1画素当りにどれだけ光が入るかである。したがって,イメージセンサの感度が一定の場合,1画素の面積が小さくなれば,それだけ強い光が到達しないと等しい信号電荷が得られない。

1/2 インチ感光面を有するイメージセンサを基準にして,各種のイメージセンサでこれと同じ信号電荷が得られるレンズの明るさを**表 4.1** に示した。

表 4.1 感光面サイズと明るさ F 値,焦点距離 f の関係

感光面 〔″〕	対角 〔mm〕	感光面サイズ				明るさ F 〔mm〕	焦点距離 f 〔mm〕	
		4:3〔mm〕		16:9〔mm〕				
		水平	垂直	水平	垂直		Wide	Tele
1	16	12.80	9.60	13.94	7.84	2.00	18.0	108
2/3	11	8.80	6.60	9.59	5.39	1.38	12.4	74
1/1.8	8.89	7.11	5.33	7.75	4.36	1.11	10.0	60
1/2	8	6.40	4.80	6.97	3.92	1.00	9.0	54
1/2.5	7.2	5.76	4.32	6.28	3.53	0.90	8.1	49
1/3	6	4.80	3.60	5.23	2.94	0.75	6.8	41
1/4	4.5	3.60	2.70	3.92	2.21	0.56	5.1	30
1/5	3.6	2.88	2.16	3.14	1.76	0.45	4.1	24
1/6	3	2.40	1.80	2.61	1.47	0.38	3.4	20
1/7	2.57	2.06	1.54	2.24	1.26	0.32	2.9	17
1/8	2.25	1.80	1.35	1.96	1.10	0.28	2.5	15
1/10	1.8	1.44	1.08	1.57	0.88	0.23	2.0	12

F 値が等しい撮像レンズを使えば，感光面サイズが変わっても同等の光電変換が行われると誤解されているが，CCD や CMOS センサでは表で示すように，いっそう明るい撮像レンズを使う必要があることに注意すべきである。

最近イメージセンサの小型化が進み，1/5 や 1/6 の感光面を有するセンサの製品化が進められているので，撮像レンズはいっそう明るく，かつ解像度が優れたものが必要になる。なお，表 4.1 には 6 倍ズームレンズの焦点距離 f の数値も併せて記載した。

4.1.3 シェージング

レンズの口径や厚さは有限であることから，光軸上から外れた位置からレンズに入った光は，口径や厚さの制約で蹴られるため光量が減少する。**図 4.2** のように，光軸上では入射瞳の大きさはほぼ円形になるが，光軸を外れると楕円形となる。これを口径食という。光軸上での入射瞳の面積を A_0，光軸外での入射瞳の面積を A とすると A/A_0 を開口効率という。

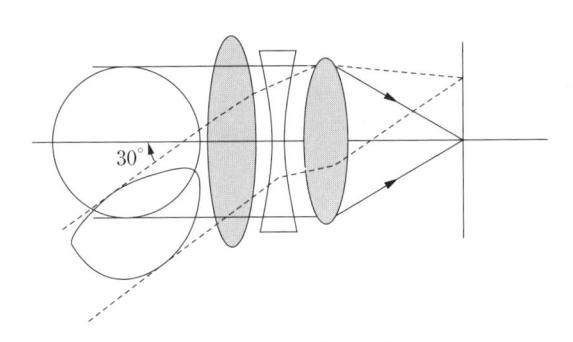

図 4.2 口　径　食

そこで，光軸外の面照度はこれらの積となり

$$E' = \frac{A}{A_0} \times E_1 \cos^4 \theta \tag{4.3}$$

となる。ここで，θ は光軸からのずれの角度である。

したがって，結像面の周辺部では明るさは急激に低下する。レンズの周辺光量の低下の一例を**図 4.3** に示す。

図 4.3 周辺光量のデータ

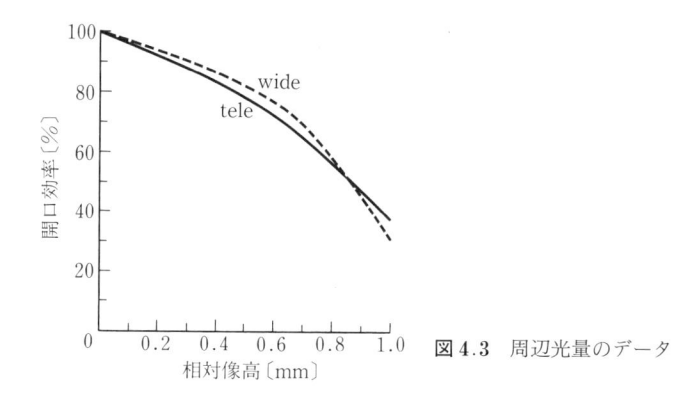

このことは,撮像デバイスから得られる信号の振幅が周辺で小さくなるので,画像で見ると,周辺部が中央付近に比べて明るさが暗くなる現象になる。明るさの違いはそれほど目立たないが,カラーカメラの場合には周辺光量が低下すると色信号の振幅が低下し,色の飽和度が下がる。このことは画像で見ると色シェージングとなる。

シェージングをレンズだけでなくすのには限界があるので,ディジタル画像処理回路(digital signal processing circuits,略して DSP)の色シェージング補正回路で改善することが必要になる。

4.1.4 解　像　度

撮像レンズの解像度は,白黒の等間隔の細かい縞がどれだけの強度で結像できるかを示す変調度,MTF で表すことができる。図 4.4 のように,白黒のチャートを結像させて,振幅 100 % であれば MTF＝100 %,振幅が半分に低下

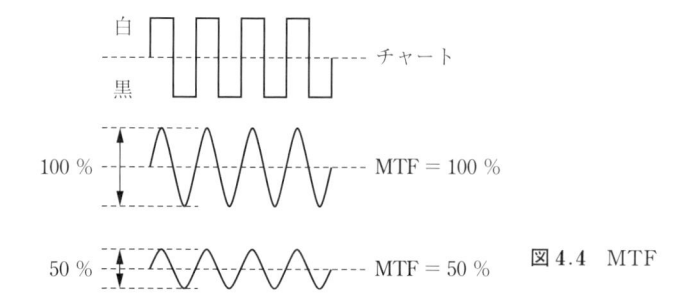

図 4.4 MTF

すればMTF＝50％となる。ビデオカメラに用いられる撮像レンズのMTFの一例を図4.5に示す。パラメータ Y は光軸からの距離を示す。光軸の $Y=0$ で最も解像度がよく、周辺では次第にMTFが低下するのが一般的である。また、可視光線の範囲での特性が一般には必要になる。

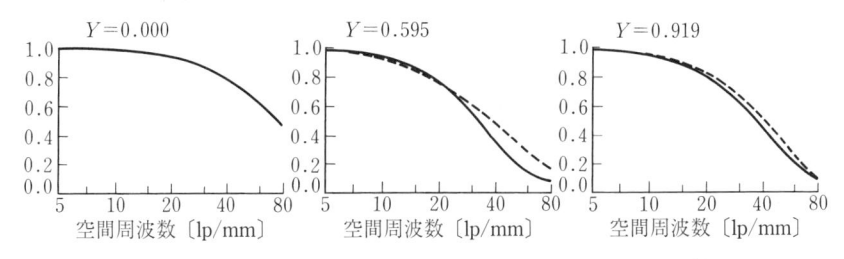

図4.5 撮像レンズのMTFの一例（wide端（広角端）の場合）
Y：光学像の位置（高さ）、0.0：中央、1.0：画像の端

4.1.5 理想レンズ

最近、撮像デバイスの微細化が進み、1画素の大きさが2〜3μm程度のものが製品化されている。しかし、レンズの解像度には限界があり、どこまでも細かい結像ができるものではない。

収差のない理想的なレンズでも、波動工学的な回折の影響で1点がある程度の広がりを持つからである。

図4.6は回折の影響を示したもので、収差がない理想レンズであっても点像は完全に1点に集まらずにリング状に明暗の縞が生じる。この中心円はエアリーディスク（airy disk）と呼ばれる。この強度分布は第1種1次のベッセル関数となる[1]。これを用いて、エアリーディスクの直径 D_a は

$$D_a = 1.22\lambda F$$

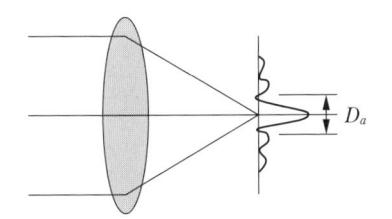

図4.6 回折の影響

となる。

したがって，レンズの解像度は収差をいくら減らしても，最後はこの回折で制限される。

無収差レンズの MTF は

$$\mathrm{MTF} = \frac{2\beta - \sin 2\beta}{\pi}$$

ただし，$\beta = \cos^{-1}(\lambda f \nu / D) = \cos^{-1}(\lambda F \nu)$ である[1]。

図 4.7 に理想レンズの MTF を示す[2]。

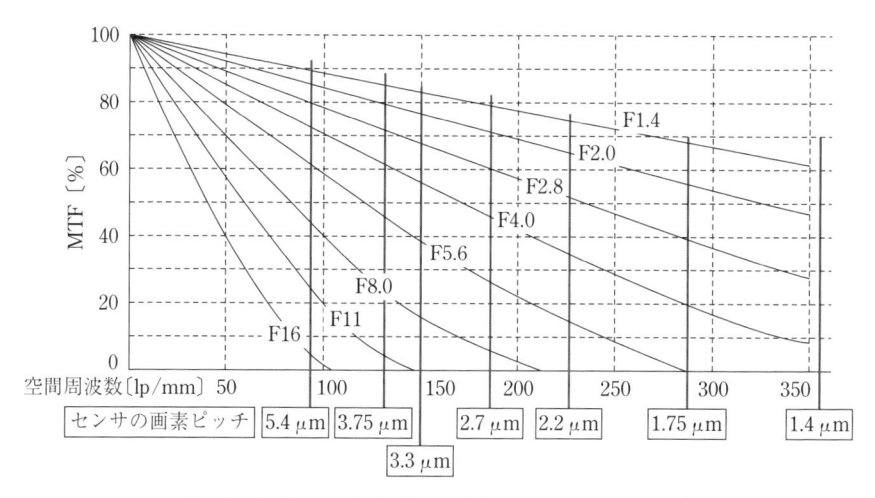

図 4.7 理想レンズの変調度（波長 $\lambda = 546.1\,\mathrm{nm}$ のとき）

4.1.6 ザイデルの 5 収差[3]

解像度低下の要因は図 4.8 に示すように，ザイデルの 5 収差と呼ばれるものが影響する。

〔1〕**球面収差**　球面収差（spherical aberration）は，レンズに入射する光線の高さが高くなると，光軸上異なる位置で結像するもので，光軸に垂直な面では 1 点にならず円板状に像が結ばれる。これは口径の 3 乗に比例するので，レンズを絞ることによってかなり改善される。しかしながら，絞りすぎると回折による影響でかえって MTF が低下する。

(a) 球面収差

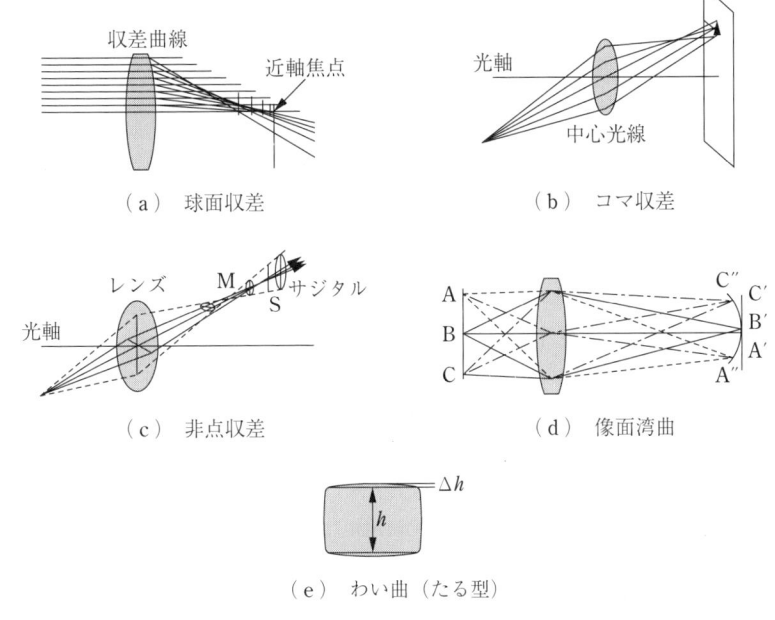

(b) コマ収差

(c) 非点収差

(d) 像面湾曲

(e) わい曲（たる型）

図4.8 デイザルの5収差（文献3）を参照してまとめた）

〔2〕 **コマ収差** コマ収差（coma）は，被写体の光軸上にない1点からレンズに入る光は斜めから入るので，結像面上では1点に集まらず，コメット（彗星）のように尾を引いた形状になる。これも絞ることによって改善される。

〔3〕 **非点収差** 非点収差（astigmatism）には，被写体の1点が結像面で1点として結像されず，結像面の中心から同心円の線が鮮明になるメリディオナルと放射状の線が鮮明になるサジタルとがある。この収差があると，ぼけ効果を出したいときに滑らかにぼけないという不具合がある。

〔4〕 **像面湾曲** 像面湾曲（curvature of field）は，平面の被写体がレンズを通して凹面鏡のように湾曲した形に結像する。

〔5〕 **ディストーション** ディストーション（distortion）には，幾何学的ひずみで，たる型と糸巻きとの2種類がある。

定義に2種類あり，テレビジョンでは図（e）のように，片側のひずみ量Δyを画面中央の幅yで割り，％で表す。

$$\frac{\Delta y}{y} \quad [\%] \tag{4.4}$$

これに対し，光学系では全体のひずみ幅 y_d から y を引いたひずみ量を y で割り，%で表す。

$$\frac{y_d - y}{y} \quad [\%] \tag{4.5}$$

したがって，同じ量のひずみの場合，テレビジョンの定義の方が値が半分になる。

撮像デバイスが CCD や CMOS センサになって，画素がミクロンオーダで精度よく配置されるので，デバイス自体では画像ひずみは無視できる値に小さくなった。したがって，カメラでは問題となるひずみは撮像レンズのひずみによるものである。

〔6〕**色 収 差** 色収差（chromatic aberration）は，結像位置が色によって異なるために生じる収差である。レンズを構成しているガラスが波長によって屈折率が異なるのが原因である。光軸上では結像位置が長波長の赤が最も遠くに，短波長の青が最も近くになる。また，光軸から離れた位置では赤と青とで倍率が違うために結像位置がずれる。前者を軸上色収差，後者を倍率色収差という。

軸上色収差は図 4.9（a）のようになる。すなわち，レンズに近い位置では青が1点に集まり，その周辺に緑，さらにその外側に赤となる。光軸上で少し遠ざけると緑が1点に集まり，青と赤がぼける。さらに離れると，赤が1点に集まり，その周辺に緑，さらにその外側に青となる。

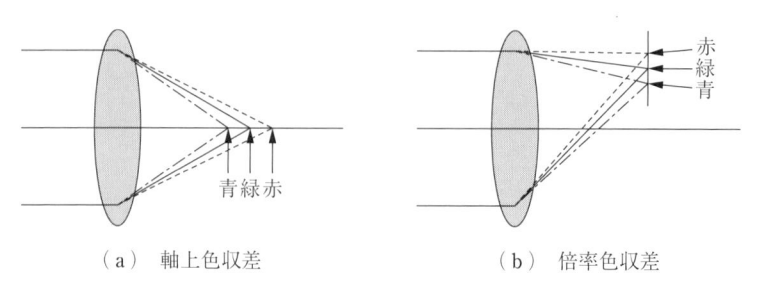

（a） 軸上色収差　　　　　　　（b） 倍率色収差

図 4.9　色　収　差

倍率色収差は図（b）のように，結像位置で各画像の倍率が異なり，青が最も小さく，緑，赤と波長が長くなるにつれ大きくなる。

これらの色収差は，異なる材質の光学ガラスの組合せで補正している。

4.1.7 被写界深度[3]

撮像デバイスの感光面は，撮像レンズの結像位置に正確に合わせて固定する必要がある。一般には，レンズの絞りを開くと奥行のある被写体のうち，どこかでピントが合う。レンズを絞れば，どこでもピントが合うようになる。この際，図 4.10 のように，光軸方向に移動しても，ぼけが検知されない像面の前後の位置の許容範囲を焦点深度という。このとき，ぼけの限界を許容錯乱円という。MTF の低下がどこまで許容されるかは被写体の種類や撮影者の感覚によるところとなるが，経験的に 4 MHz 程度に選定している。

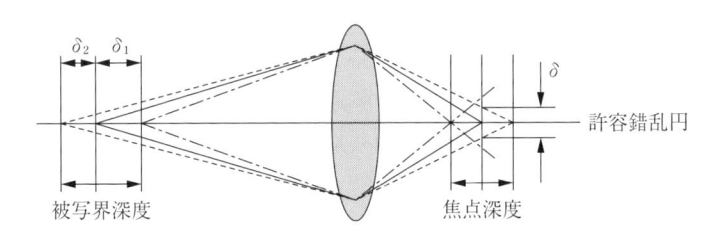

図 4.10 被写界深度と焦点距離

一方，図 4.10 のように，焦点深度の範囲が被写体側でどの範囲に相当するかに換算した数値が被写界深度である。したがって，焦点深度から被写界深度を求めることができる。

許容錯乱円の直径を δ，レンズの焦点距離を f，明るさを F，被写体からレンズまでの距離を l とすると，後方被写界深度 d_1 は

$$d_1 = \frac{\delta F l^2}{f^2 - \delta F l} \tag{4.6}$$

同様に，前方被写界深度 d_2 は

$$d_2 = \frac{\delta F l^2}{f^2 + \delta F l} \tag{4.7}$$

となる。

一般に，F 値が大きいほど深度は深い，焦点距離が短いほど深度は深い，被写体距離が遠いほど深度は深い，前方の深度より後方の深度の方が深いという傾向がある。

4.1.8 パンフォーカス

汎用カメラでは被写体がある一定の距離以上離れた場合，焦点調整が不要なパンフォーカスの領域がある。これは式（4.6）で d_1 を ∞ と置けばよいから

$$f^2 - \delta F l = 0$$

$$l = \frac{f^2}{\delta F} \tag{4.8}$$

となる。式（4.8）を満足する条件であれば，フォーカス調整が不要なカメラを作ることができる。

携帯電話やコンパクトデジタルカメラでは，撮像レンズの移動が不要なパンフォーカスが使われてきた。しかし，多画素化が進んでくると錯乱円の大きさが小さくなり，フォーカス調整の必要性が出てきた。

4.2 光　　学　　系

4.2.1 眼　の　特　徴

〔1〕**波長特性**　　電磁波の中で人間の眼で見える光線の範囲は，青紫の 380 nm から赤の 780 nm までといわれる。これを可視光線という。この中で，人間の眼は各種の色を識別できる。したがって，カラーカメラはこの範囲の波長に感度を有し，眼に合った色が再現できるようになっている。

人間の眼の感度は，可視光線の中でも 500〜550 nm の緑の波長領域に最大感度がある。**図 4.11** は国際照明委員会（Commission International de l'Eclairage，略して CIE）で定めた標準比視感度曲線で，暗いところでは最大感度の波長が短い方へシフトしている。この特性がカメラの輝度信号の基準

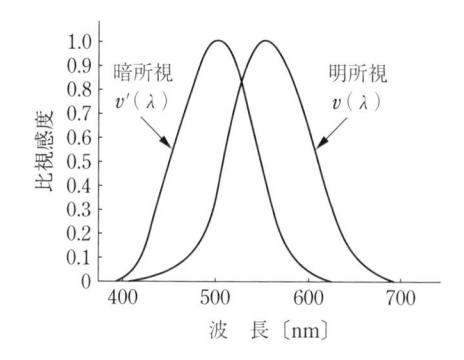

図 4.11 標準比視感度曲線

になり，照度計でもこのカーブで重み付けされる。

〔2〕 **色分解能** 眼の色分解能はそれほど優れてなく，それもすべての色に対して均等ではない。

色のついた物体を遠くに離して，視角を小さくしていくと，まず，黄と青が消え，つぎに赤と緑が消え，明暗の灰色だけになる。これらの色は補色関係にあるから，カメラにおいても黄と青の色相の解像度は比較的狭く，つぎに赤と緑の色相の解像度，最後に解像度の必要な細かいところは明暗だけで，色情報はなくてもよいことになる。

〔3〕 **記憶色** また，眼は記憶色といってトマトの瑞々しい赤，新緑のまぶしい緑，艶やかな女性の肌色など好ましい色が記憶に残っている。多くの場合，実物が身近にあるわけでもなく，実物と比較するわけでもない。実物の色を画面上に表示しても必ずしも満足してもらえない場合が多い。カメラの色作りは単に忠実に色再現を行うのではなく，記憶色に合わせて好ましい色再現にする必要がある。

この中でも肌色の再現性は最も重要である。われわれが最も身近に接しているからであろう。すてきな人や，テレビドラマや，映画に出演するあこがれの女優は美しく再現されてほしい。また，テレビスタジオでは写りがよくなるような，特別なメークアップもできるが，ビデオカメラでは素顔のままでもきれいに撮れてほしい。一方，好ましい肌色再現には単なる色再現のほかにも色艶や荒れ，しわ，そばかすなど複雑な要因が加算されている。後述するように，

放送用カラーカメラでは肌色検出を行い，肌色の場合には過度な輪郭補正をかけずにソフトフォーカスにして美しく見せるなどの画像処理も行われている。

〔4〕 **残像とフリッカー**　　動画像に対する特性はそれほど優れていない。そこで，テレビ画像では60枚/s以上であれば残像やフリッカーは気にならない。しかし，これ以下になると急激に違和感が生じる。

〔5〕 **感 度 範 囲**　　明るいシーンになれば自動的に瞳を閉じて光量を制御し，暗い夜道では瞳が開いて歩くこともできる。これは自動制御の応答特性がよく，制御範囲が広いと考えられる。図 **4.12** に示すように，10^{-3} の星明りから 10^5 の太陽光線の下までの広範囲に追随することができる。

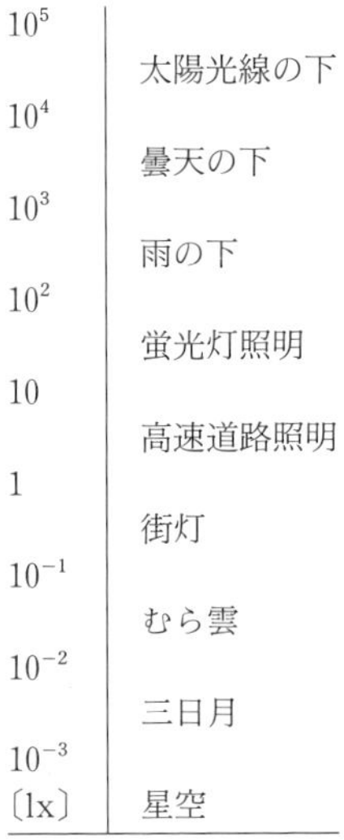

10^5	太陽光線の下
10^4	曇天の下
10^3	雨の下
10^2	蛍光灯照明
10	高速道路照明
1	街灯
10^{-1}	むら雲
10^{-2}	三日月
10^{-3} [lx]	星空

図 **4.12**　眼の感度範囲概念図

〔6〕 **ピント，ホワイトバランス**　　普通の人は 5 cm の至近距離から無限大の遠方までどこでも，素早く，ピントを合わせることができる。また，電球の赤い光の中でも，晴天の屋外でも白い紙は白く見ることができる。これは目が順応しやすいからであるとされる。これをカメラで撮ろうとするといちいち設定を変えてやらなければならない。

4.2.2 光

光は電磁波であって，波長によって図4.13のようにいろいろな呼び方で表されている[4]。

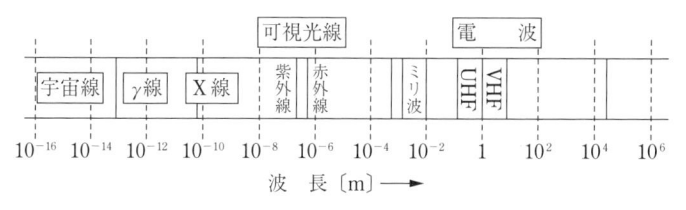

図4.13 電磁波の波長（文献4）を参照して作成）

この中で本書で取り扱う可視光線の範囲は380〜780 nm とごくわずかであることがわかる。ちなみに，地上波デジタルはUHF（0.1〜1 m，300 MHz〜3 GHz）である。

光の強さを表す尺度に光度がある。点光源が単位時間に一定の方向に向けて単位立体角中に発散される光のエネルギーである。白金の凝固点2 047.8 K の温度における完全黒体の1 cm^2 の平面から垂直方向に発する光度の1/60を単位として1 cd（カンデラ）という。白熱電球のW数とほぼ等しい。

1 cd の光度の光源から一様に光線が出ているとき，その光源を頂点とする単位立体角中に出ている光束を1 lm（ルーメン）という。

光度 I〔cd〕の点光源から光束が立体角 ω〔rad〕内に一様に発散している場合，光束 F は

$$F = I \times \omega \quad 〔lm〕$$

となる。したがって，I〔cd〕の点光源から全立体角 4π に一様に光束が出ているとすれば，光束 F は

$$F = 4\pi \times I = 12.5 I \quad 〔lm〕$$

となる。

光源が面積を持っているとき，光源から出る光束の面積密度を光束発散度という。単位は lm/m^2 である。

輝度は輝きの程度を表す量で，単位は cd/m^2 である。ある方向の輝度はそ

の方向に垂直な平面へ光源を正射影したときの光度の面積密度である。したがって、微小面積 dS 〔m²〕、光度 dI 〔cd〕の光源をその面の法線に対して、θ の方向から見た輝度 L_v は

$$L_v = \frac{dI}{dS \cos \theta} \quad 〔\text{cd/m}^2〕$$

で表される。

太陽光線の明るさを地上で観測すると 1.65×10^9 〔cd/m²〕、満月は 2 500 〔cd/m²〕、100 W の白色ランプは 5×10^4 〔cd/m²〕、ろうそくの炎は 1×10^4 〔cd/m²〕である[1]。

照度はどのくらいの明るさに照らされているかを示す量で、面積 dS に光束 dF が垂直に入射しているときに単位面積当りの入射光束である。これを式で表すと、照度 E_v は

$$E_v = \frac{dF}{dS} \quad 〔\text{lx}〕$$

である。なお、照度の単位は lx（ルクス）で〔lm/m²〕になる。

なお、角度 θ で入射している場合は、上記の垂直入射の照度 L_v に対して

$$E_v = E_v \cos \theta \quad 〔\text{lx}〕$$

となる。光源からの距離の2乗に反比例して照度は低下する。

真夏の日光の直射で 10^5 lx、曇天で 10^3 lx、高速道路照明で 10 lx、街灯で 1 lx、三日月で 10^{-2} lx、星空で 10^{-3} lx 程度である。

4.2.3 色

〔1〕**色の特性**　色は、光の分光エネルギー分布の差異によって感じられるものであって、厳密にいうと心理物理学的要因の色感覚によるものと、大脳の判断による色知覚によるものに分けられるという。前者の心理物理色を表すものに混色系があり、後者の知覚色を表すものに顕色系がある。**表 4.2** はこれらの関連を示したものである。

表色系には CIE 表色系と Munsell 表色系があるが、テレビジョンでは CIE

表 4.2 混色系と顕色系の関連（文献 5）を参照してまとめた）

	混色系	顕色系
色の区別	心理物理色	知覚色
概念	心理物理的概念	心理的概念
基礎	色感覚に基づく	色知覚に基づく
色表示の原理	混色による（光，色など）	物体標準による（色票など）
対象	光の色を表示	物体の色を表示
表色系	CIE 表色系	Munsell 表色系
表示の量	光源の色：三刺激値 (X, Y, Z, x, y, z) 物体からの色：視感反射率，視感透過率，色度座標	明度，知覚色度 (Munsell 表色系では明度，色相，彩度)

表色系を使っていくので，これについて説明していこう。CIE 表色系には RGB 表色系と XYZ 表色系とがある。まず，等色について説明する。

図 4.14（a）に示すように，ある光の色（色刺激）A と色刺激 B を観測するとき，明るさと色感覚が同じになると左半分と右半分の差異がつかなくなる。これを色刺激 A と色刺激 B を等色するといい，$A=B$ で表す。

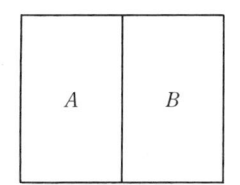

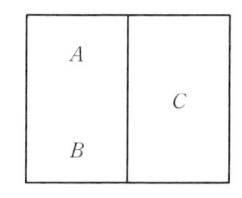

(a) 等色視野　$A=B$　　(b) 等色視野　$A+B=C$

図 4.14　等　　　色

つぎに，図（b）のように色刺激 A に色刺激 B を混ぜていき，色刺激 C と差異がなくなる場合，色刺激 A は色刺激 B と色刺激 C で等色するといい，$A+B=C$ で表す。このように，A に B を加えて等色したということは A を等色するためには $C-B$，すなわち，C から B を引かなくてはならないということである。これがマイナスの概念である。

独立な三つの色刺激を適当な割合で混ぜると，あらゆる色刺激を表せるという Young-Helmholtz の 3 原色説がある。このようにして選定した三つの色刺激を原刺激という。CIE では三つの原刺激を R（$\lambda=700.0$ nm），G（$\lambda=546.3$

nm），B（$\lambda=435.8$ nm）とし，**図 4.15** のような等色関数を定めている。

RGB 表色系では一部で負になる部分があるので，これをなくし，しかも原刺激のうちの一つに明るさ，明度の情報を持たせるようにした XYZ 表色系を作成した。これを CIE 1931 表色系という。これらの関係を次式に示す。

$$X = 2.7689R + 1.7517G + 1.1302B$$
$$Y = 1.0000R + 4.5907G + 0.0601B$$
$$Z = \phantom{1.0000R + {}} 0.0565G + 5.5943B$$

また，色度座標 x，y は

$$x = \frac{X}{X+Y+Z}, \quad y = \frac{Y}{X+Y+Z}$$

となる。

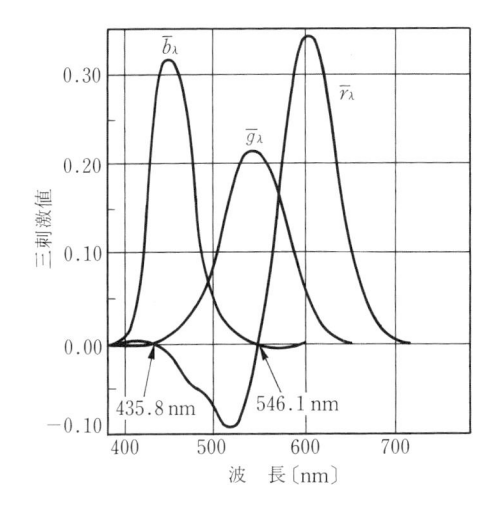

図 4.15 RGB 表色系の等色関数

図 4.16 に XYZ 表色系の等色関数を示す。この $y(\lambda)$ は標準比視感度曲線である。

図 4.17 は CIE 色度図で，馬蹄系の軌跡は純粋なスペクトル色で，赤と紫を結ぶ直線は実際には存在しない純紫色軌跡である。実在する色すべてはこの領域に含まれる。

この xy 色度図に完全放射体軌跡を描くと**図 4.18** のようになる。なお，完

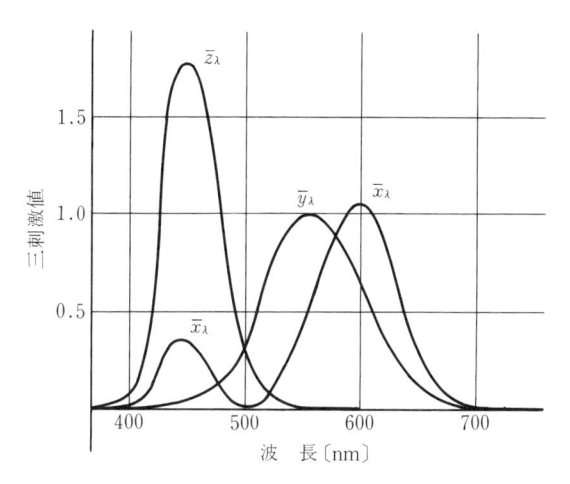

図 4.16　XYZ 表色系の等色関数

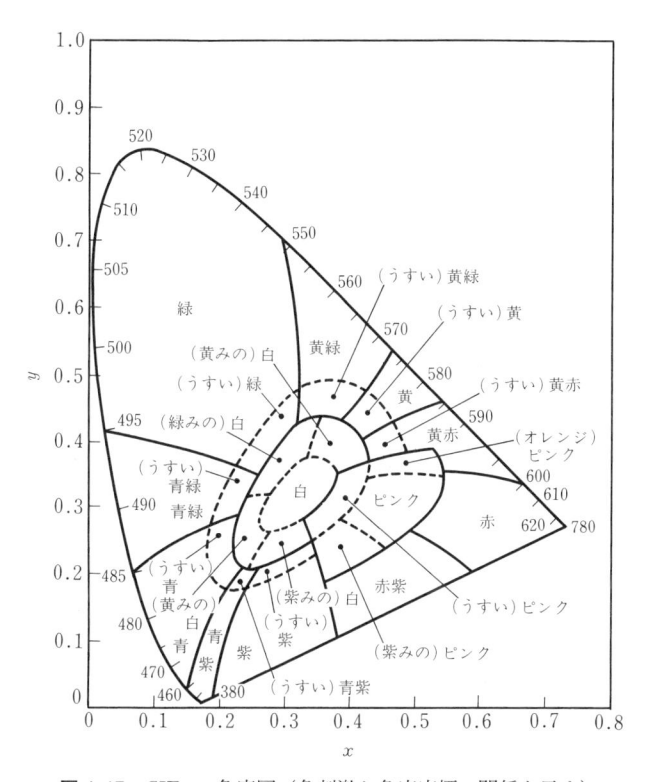

図 4.17　CIE xy 色度図（色刺激と色度座標の関係を示す）

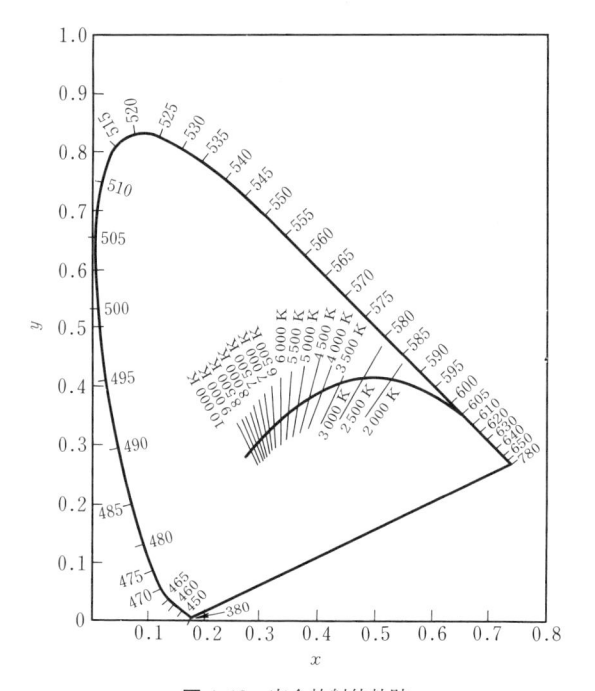

図 4.18 完全放射体軌跡

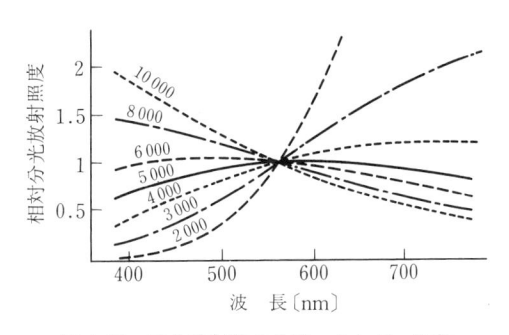

図 4.19 完全放射体の分光エネルギー分布

全放射体の分光エネルギー分布は**図 4.19** のようになり，色温度が高くなると青の成分が増え，赤の成分が減ってくる。

色度座標 x，y は色刺激の心理物理的性質を表す量であって，色度図上の距離は感覚的な色の差異とは対応しない。**図 4.20** は MacAdam の色識別楕円と呼ばれるものを xy 色度図上で示したもので，色の識別範囲を示したものであ

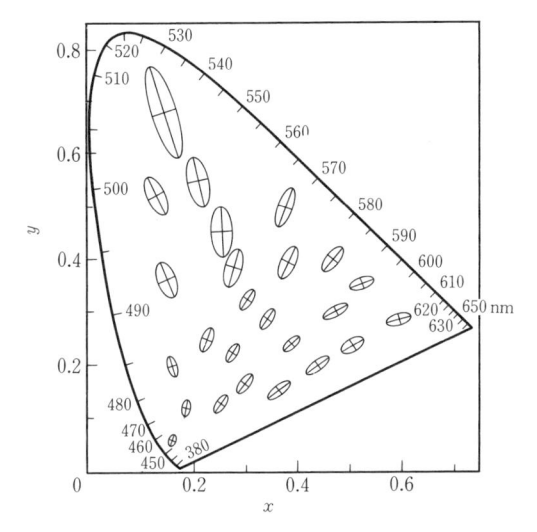

図4.20 xy 色度図における MacAdam の色識別楕円

る。左上では xy 座標が変化しても感覚的な色の変化が識別できない。

これに対し，輝度の等しい色の感覚差が幾何学的距離にほぼ比例するようにした CIE 1976 UCS 色度図（Uniform‐Chromaticity‐Scale Diagram）がある。xy 座標との関係は次式で求められる。

$$u' = \frac{4X}{X+15Y+3Z} = \frac{2X}{-X+6Y+1.5Z}$$

$$v' = \frac{9Y}{X+15Y+3Z} = \frac{4.5Y}{-X+6Y+1.5Z}$$

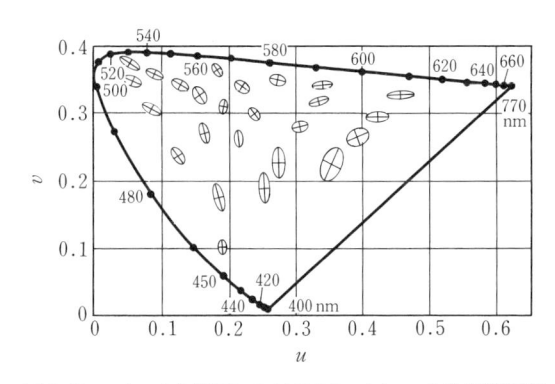

図4.21 u', v' 色度図における MacAdam の色識別楕円

図 4.21 は，図 4.20 に示した色識別楕円を u', v' 色度図上に示したものである。これらの色度図は今後，照明の色温度，カメラの色再現の表示などでよく使われるものである。

〔2〕**被写体の色**　図 4.22 は肌色を構成する各要素の分光特性である[5]。これらの組合せでいろいろな種類の肌色が合成される。図 4.23 は白色，黄色，黒色等と呼ばれる人種の代表的な肌色の分光反射特性である[5]。

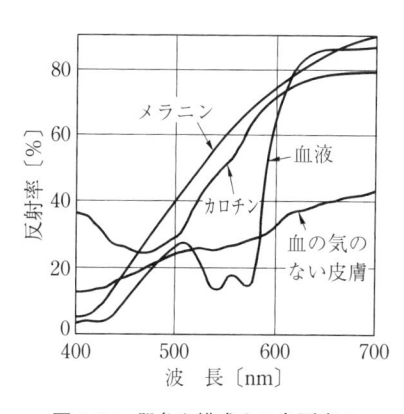

図 4.22　肌色を構成する各要素の分光特性[5]

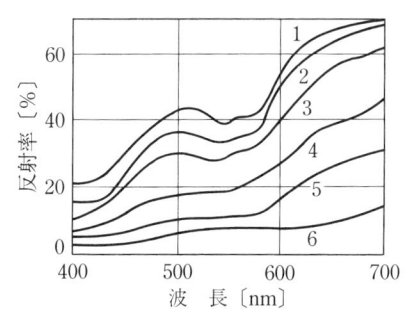

図 4.23　代表的な肌色の分光反射特性[5]

1. white blond, 2. white brunette,
3. Japanese, 4. Hindu,
5. Mulatto, 6. the Negro

一般に，自然界の色は時々刻々変化し，標準の色を設定することは難しい。そこで，いろいろな機関で試験色が選定されている。図 4.24 は CIE ならびに JIS で選定されている 15 種の演色性評価用試験色の分光反射特性である。

なお，映像情報メディア学会でも電気的特性の測定に便利なカラーチャートを選定している[6]。

〔3〕**色温度**　カラーカメラでは，被写体に当てる光や照明の種類によって再現される色が変わってくる。屋外の太陽光の下では青みがかり，室内の白色ランプの照明下では赤みがかる。これらを表す尺度に色温度がある。これは完全放射体（黒体放射源）の温度で，曇天では 7 000 K，晴天の空は 15 000 K というように表す。図 4.25 は，色温度と光の関係を記したものである。

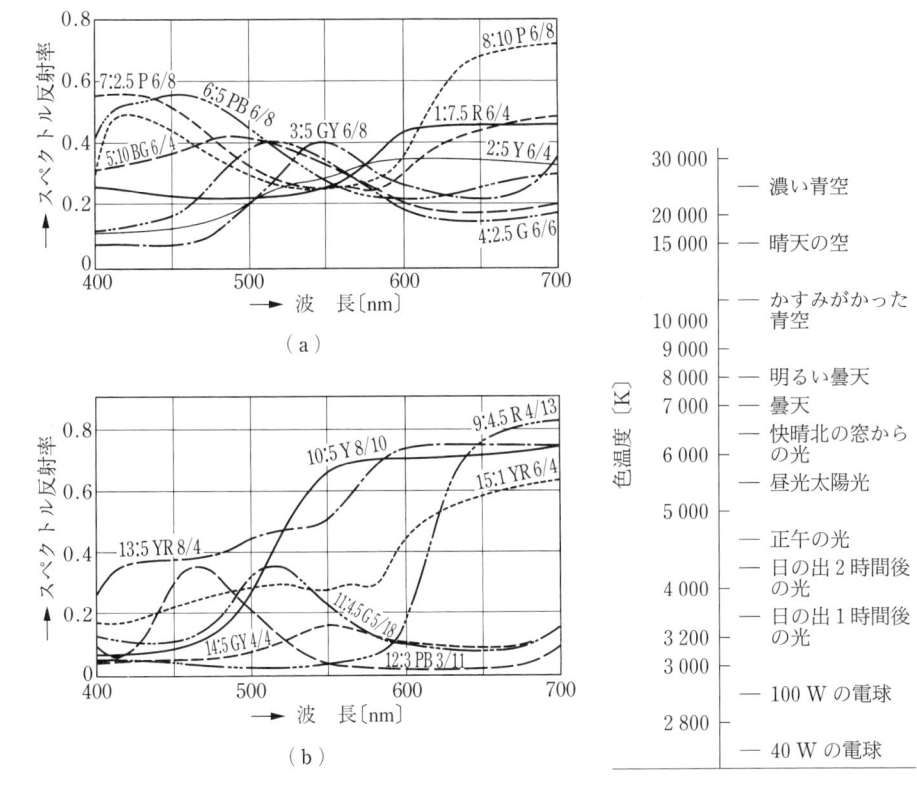

図 4.24　CIE-JIS 演色性評価用試験色の分光反射特性

図 4.25　色温度と光の関係

4.2.4　照　　明

〔1〕**標 準 の 光**　図 4.26 は標準光源のエネルギー波長分布を示したもので，色温度によって大きく変わることがわかる。A光源は 2 856 K の完全放射体からの光で，電灯光による照明の標準とされている。BおよびC光源はそれぞれ 4 874 K，6 774 K の昼光を代表するもので，Bは太陽光，Cは曇天の光を代表している[7]。また，D光源は B，C の中間の値で 6 500 K である。図 4.27 は，これらの標準の光を色度座標で表したものである。以前はテレビジョンの標準白色はCで規定されていたが，最近はDに変更になっている。

　このように，照明の種類でエネルギー分布が大きく変わってくるので，カラ

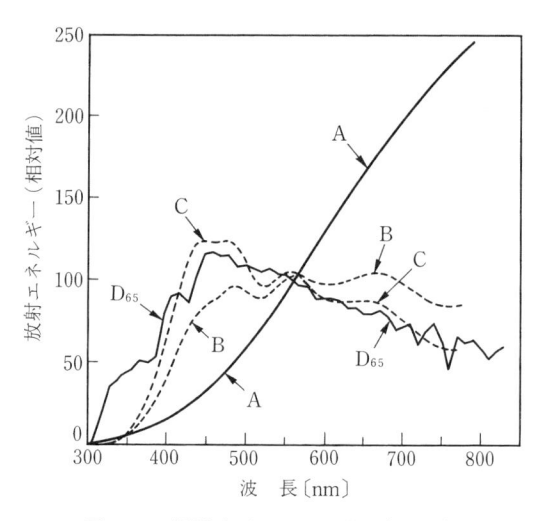

図 4.26 標準光源のエネルギー波長分布

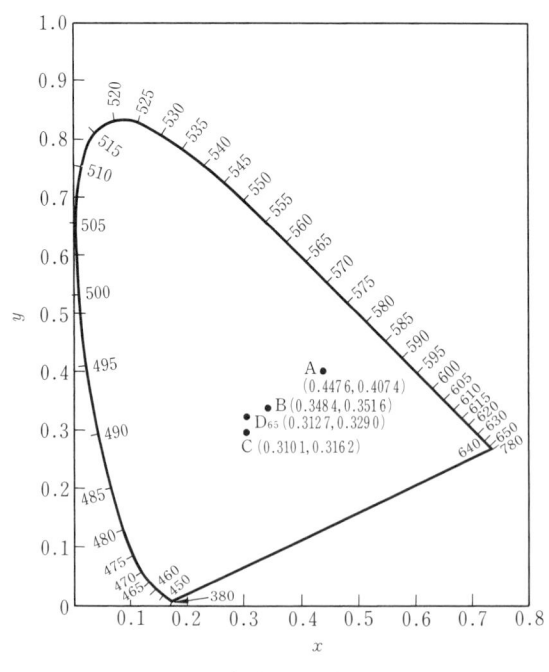

図 4.27 標準の光の色度座標

ーカメラでは，撮影のたびに，色温度にあわせて色の補正を行うことが必要になる。

光学的に色の補正を行う場合は，色温度変換フィルタが使われる。普通はプラスチックまたは色ガラスで作られ，各種特性が用意されている。**図4.28**は色温度変換フィルタの一例を示したものである。撮像レンズの前にはめ込むタイプと，撮像レンズと色分解フィルタの間に内蔵されていて，ターレットを回転させて所望の特性を選択するタイプが一般的である。

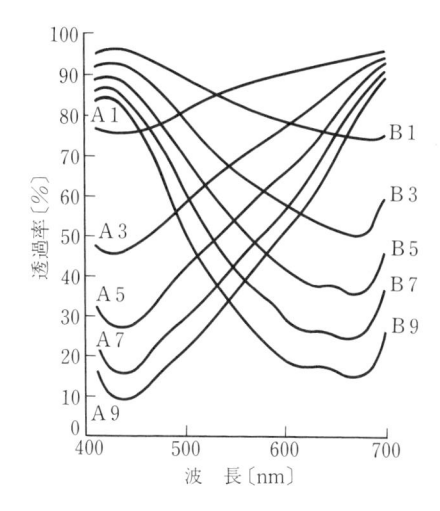

図4.28 色温度変換フィルタの一例

一方，電気回路でRGB各色信号のバランスを変える方法，色差信号のバランスを変える方法がある。色温度変換フィルタをメカニカルに変えるわずらわしさがなく，電子回路だけで簡単に変換できるので，この方法は家庭用のビデオカメラ等で使用される。しかし，大幅に割合が変わった場合には弱い信号を無理に増幅して大きくしなければならず，信号のSN比が低下して画質を損なうことがある。

〔2〕 **照明の実際**　カラーカメラの照明でよく使われるのは白色ランプである。**図4.29**は白色ランプの分光エネルギー分布の一例である。また，**図4.30**にスポットライト用電球の電圧特性を示す。100 Vを基準に電圧を上げていくと色温度は高くなるが，寿命が急激に短くなる。一方，蛍光ランプの照明

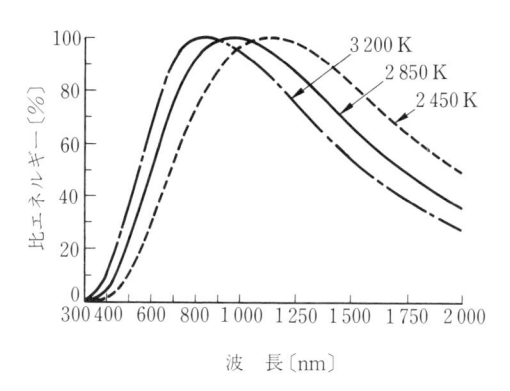

図 4.29 白色ランプの分光エネルギー分布の一例

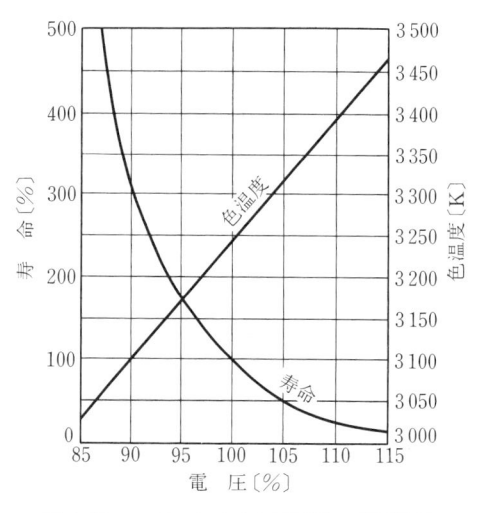

図 4.30 スポットライト用電球の電圧特性
（色温度 3 250 K の場合）

下で撮影する機会が多いが，図 4.31（a），（b）のように分光エネルギー分布に数本の輝線スペクトルがあり，色再現の点からはやっかいな照明である。また，種類によって色温度も大きく変化している。また，最近白色 LED のランプも増えてきたので，図（c）にその特性を記した。

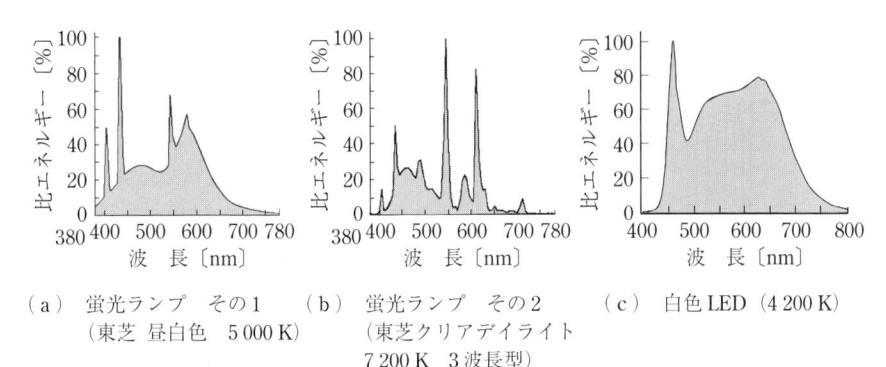

(a) 蛍光ランプ　その1　　(b) 蛍光ランプ　その2　　(c) 白色LED（4 200 K）
　　（東芝　昼白色　5 000 K）　　（東芝クリアデイライト
　　　　　　　　　　　　　　　7 200 K　3波長型）

図4.31　蛍光ランプと白色LEDの分光エネルギー分布の一例
　　　　（東芝ライテックカタログによる）

4.2.5　色分解光学系

カラーカメラには信号に色情報を持たせるために，色分解プリズムや色フィルタを画素ごとに設けた色フィルタアレイ（color filter array，略してCFA）が用いられる。

〔1〕**色分解プリズム**　レンズから入ってきた光学像をRGBの3原色の光学像に分解する光学系で，現在ではプリズムが用いられるので，色分解プリズムという。

色分解プリズムは**図4.32**に示すように，全体が3個のプリズムブロックで構成され，各接合面に多層干渉膜（ダイクロイック膜）が蒸着されている。

これにより第1の干渉膜でR光線を反射させ，G，B光線は透過する，つぎの干渉膜でB光線を反射させ，残りのG光線が透過される。このようにして，色分解プリズムは入射光線をほとんどロスなしにRGB3原色光線に分解することができる。

多層干渉膜は，**表4.3**に示すように，ZnS，TiO_2，SiO_2，MgF_2などの透明な高屈折率と低屈折率の物質を交互に20〜30層蒸着して作られる。蒸着膜の厚みを制御することにより，特定の波長の光を反射，残りの光を透過させていき，全体として特定の波長領域の光線を反射させ，残りの波長領域の光線を透

102　　4. 撮像レンズと光学系

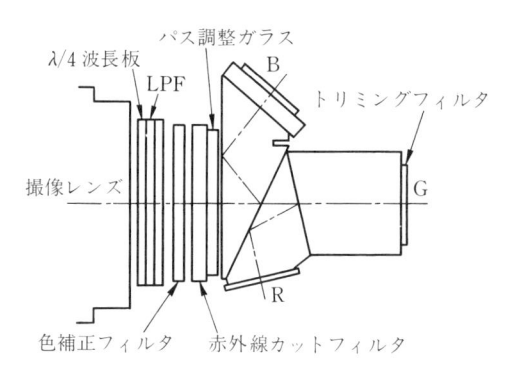

図4.32　放送用カメラのダイクロイックプリズム

表4.3　多層干渉膜用薄膜物質

	物　質	屈折率
高屈折率	ZnS	2.3～2.5
	TiO_2	2.3～2.4
	CeO_2	2.1～2.2
低屈折率	Al_2O_3	1.6
	CeF_3	1.6
	SiO_2	1.46
	MgF_2	1.38

過させることができる。ダイクロイックミラーと呼ばれたので，色分解プリズムはダイクロイックプリズムとも呼ばれる。

　色分解プリズムがこのような形をとるのには二つの大きな理由がある。Gが直進するので，鏡像にならないためにRとBの光学像も1回（あるいは奇数回）の反射で結像することが必要である。蒸着面の角度が大きくなると透過特性に差が出る，P偏光，S偏光の影響が出てくる。そのため，全反射を使って効率よく光線を曲げる構造にし，蒸着面の角度が設定された。これはフィリップス社で提案，開発されたものである[8]。

　実際には，この干渉膜の反射，透過特性だけでは急峻になりすぎ，なだらかな曲線が必要な撮像特性に合わないので，各チャネルにガラスや，プラスチックで構成した色補正フィルタ（トリミングフィルタ）を入れて，各チャネルの透過特性を補正している。このようにして得られた特性は図4.33のようになる。

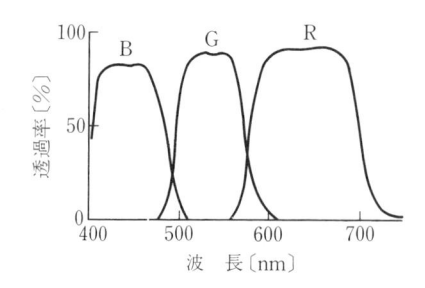

図4.33　3色分解の総合特性

RGBの光学像の位置には精度よく撮像デバイスが置かれる。撮像デバイスはLSI技術で作られるので，それ自体はミクロンオーダで正確に形成されている。そこで，3原色の光学像も同じ大きさで，ひずみなく所定の位置に結像させる必要がある。そこで，色分解プリズムでは各プリズムブロックの角度や表面の均一性などに高い精度が要求される。さらに，撮像レンズも含めてRGBの波長の違いによる結像面のサイズ，周辺の光量のむら，解像度の違いなどがないように作らなければならない。

なお，実際には図4.32に示したように，適宜プリズムの一部に刻みを入れて，ダイクロイックプリズム内部での反射などによるフレア成分を除去している。

撮像レンズに F 値があったが，撮像レンズから入る光束がどこまで色分解できるかが必要であり，色分解プリズムでも F 値が決められる。

〔2〕 **色フィルタアレイ** 図4.34は色フィルタアレイの製法を示したものである[9],[10]。CCDが形成されたSiウェーハ上は凹凸があるため，このままでは染色しにくい。そこで，平滑化のためにSiO$_2$等でオーバコートする。この基板上に染色層である樹脂膜を塗布する。つぎに染色パターンをホトマスクを用いて露光，現像すると樹脂膜上に被染色パターンが形成される。これを染色したい色素の入った水溶液中につけると，所望の部分だけが染色され第1の色フィルタができる。つぎに混色が生じないように保護膜を塗布した後，第2の色フィルタの工程に入る。このような工程を繰り返すことによって任意の色フィルタが形成できる。

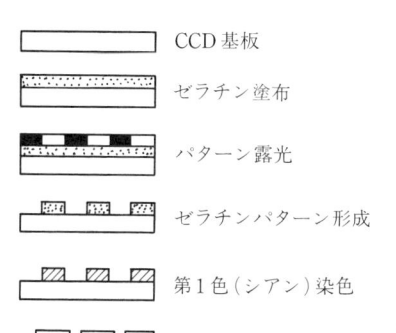

```
            CCD基板
            ゼラチン塗布
            パターン露光
            ゼラチンパターン形成
            第1色（シアン）染色
            保護膜塗布
```

図4.34 色フィルタアレイの製法

図 4.35 は色フィルタアレイが形成された CCD 断面構造を模式的に示したものである。ここでは M（マゼンタ），Y（黄色），C（シアン）の 3 色を染色することによって，3 回の工程で MYCG の 4 色の色フィルタが作られている。G（緑）は Y と C の重ね合せで作られる。

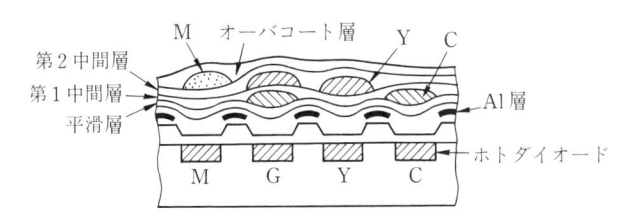

```
         M  オーバコート層  Y  C
第2中間層
第1中間層                    Al 層
平滑層
         M     G     Y    C   ホトダイオード
```

図 4.35 色フィルタアレイが形成された CCD 断面構造

染色の仕方によっては重ね合わせて色フィルタを作らず，同一層に順次染色していく方法もある。

染料を用いたフィルタは温度特性が比較的悪く，1500℃以上の高温で退色が生じ，高温高湿の条件下では変色が生じやすいことが欠点である。そこで，最近では顔料を用いて変色，退色がしにくい，色フィルタアレイが作られている。

また，環境条件の厳しい特別な使用条件では無機質の多層干渉膜をエッチングで作る干渉フィルタもある。

参考までにカラーフィルムの発色を紹介する。厚さ方向に RGB 3 色に対する発色層が設けられ，RGB それぞれの色情報に対して独立に発色層が感光し，現像後にこれらを重ねてみることによって，カラー画像が得られるようになっている。図 4.36 はポジカラーフィルムの断面構造を示したもので，光の入射方向から BGR の各色光に感度を有する層が配列されている。青感層では青の色光が当たると透明になり，当たらない部分が青の補色である Y に発色する。同様に緑感層では緑の色光が当たると透明になり，当たらない部分が緑の補色である M に発色，赤感層では赤の色光が当たると透明になり，当たらない部分が赤の補色である C に発色する。この発色層を重ねてみると，白（透明）の被写体はすべての発色層が透明なので透明，黄色は青感層だけが発色してほ

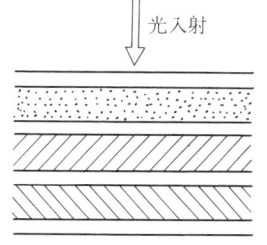

```
          光入射
           ↓
━━━━━━━━━━━━━━━━━  保護ゼラチン層
:::::::::::::::::  青感乳剤層（黄色発色）
━━━━━━━━━━━━━━━━━  黄色フィルタ層
/////////////////  緑感乳剤層（マゼンタ発色）
━━━━━━━━━━━━━━━━━  中間ゼラチン層
\\\\\\\\\\\\\\\\\  赤感乳剤層（シアン発色）
━━━━━━━━━━━━━━━━━  ハレーション防止層
                   フィルムベース
```

図 4.36 ポジカラーフィルムの断面構造

かは透明であるから黄色，緑は青感層と赤感層が発色するから Y＋C＝G で緑となる．以下同様にすべての色が得られることになる．

ネガカラーフィルムの場合も同様で発色がポジの場合とすべて逆になり，その結果，重ねてみると，反転の補色の関係にある色が得られる．

カラーフィルムが現在のような積層型で完成する前には各種のタイプが考えられ，白黒フィルムを使ってカラー化する方法も一部で実用化もされてきた．

テレビジョンで使われる3色分解のタイプは1860年代に盛んに研究され，カラー映画用として実用化された．また，3色，2色の発色層を細かく縞状に塗り分けていく方式は1900年代に研究された．しかし，カラー写真では最後に印画紙に焼き付けるか，スライドにして保存しなければならない．そこで，積層型に対する要求が強く，現在のようなカラーフィルムが完成されていった経緯がある．このあたりの情報は米国の光学会誌 Journal of Optical Society of America に詳しい．

4.2.6 光学 LPF

CCD や CMOS センサでは画素が縦横に離散的に配列されているので，これに伴う，折返しひずみが発生する．カラーの場合にはこれが偽色信号になる．これを防止するには光学像の段階でサンプリング周波数近くの成分，および超える成分を除去しておくことが必要で光学 LPF（low pass filter，ローパスフィルタ，低域通過濾波器）が用いられる．

単板式では，広帯域の輝度信号に色信号が重畳された形でイメージセンサから信号出力される。色信号は色フィルタでサンプリングされるが，この信号はパルス振幅変調となるので，ベースバンド成分と奇数高調波変調成分になる。イメージセンサの周波数帯域は広くないので，第1高調波成分までであり，この関係は**図 4.37** に示すようになる。

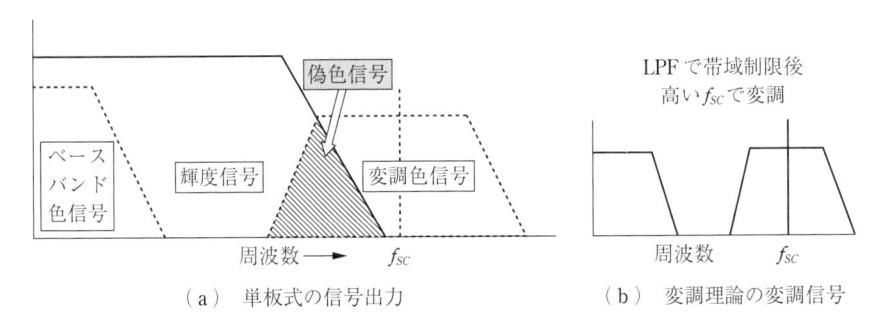

図 4.37 単板式の信号と偽色信号の関係

（a）単板式の信号出力　　（b）変調理論の変調信号

一般の変調理論では図（b）に示すように，ベースバンドの信号と変調信号の搬送波は十分離れているべきであるが，単板式では周波数帯域が狭いので，輝度信号の高周波成分が変調色信号の帯域に入り込んでいるのが問題になる。この部分が色信号として検出されると偽色信号となって，画質を低下させる。また，変調色成分が輝度信号の高域信号に混入すると，輝度信号の偽信号となる。

光学 LPF には，各種の方式が開発されてきた。**表 4.4** は代表例を示したものである。

微小なかまぼこ型の円筒凸レンズを平行に並べて横方向のレスポンスを低下させたレンチキュラ，ガラス板上に透明な薄膜をストライプ状に形成して作られた位相フィルタ，散乱物質を液体の中に分散させたクリスチャンセンフィルタなどが研究開発されてきた。しかし，最近では人工水晶の複屈折を利用したものがほとんどである。光学 LPF に要求される条件は

① 光量損失が少ない

表 4.4 光学 LPF（文献 11）を参照して作成）

種　類	構　成	特　徴
水晶板	人工水晶の結晶の複屈折を利用 CCD カメラのほとんどに用いられている	厚さによって任意の特性が可能 比較的急俊なカットオフ特性
レンチキュラ	かまぼこ型円筒レンズを並行に並べたもの	ピッチ，曲率の選定で任意の特性 レンズの瞳位置に設ける
位相フィルタ	位相差を与える凹凸をストライプ，または格子状に形成	色で異なるカットオフが得られる レンズの瞳位置に設ける
クリスチャンセンフィルタ	特定の波長で異なる特性を持つ散乱物質を液体中に分散	色で異なるカットオフが得られる 方向性が出しにくい

② 特定方向の解像度を選択的に低下できる

③ 絞りによって特性が変化しない

④ 特性が安定である

⑤ 特定の波長，色によってカットオフ特性が変化できる

⑥ 小型軽量

⑦ 量産しやすく低価格

等である。

図 4.38 を参照して，水晶光学 LPF の原理を説明しよう。図に示すような光軸を含むように人工水晶を切り出し，この面から光を入射させると光軸を含む平面で振動する常光線と，これと直角な平面で振動する異常光線に分かれる。

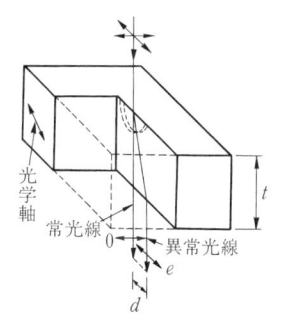

d：分離幅
t：板厚

図 4.38　水晶光学 LPF の原理

それぞれの屈折率を n_0，n_e とし，水晶板の厚さを t とすると，分離幅 d は

$$d = \frac{n_e^2 - n_0^2}{2 n_e n_0} t$$

で表すことができる。Na の波長が 5 893 Å のとき，$n_0 = 1.544\,25$，$n_e = 1.553\,36$ となるから，上式の関係を図示すると図 4.39 が得られる。この図から分離幅 d に必要な水晶板の厚さ t が求められる。水晶板のカットオフ特性は図 4.40 のように $\sin x / x$ で表され，比較的急峻な特性が得られる。

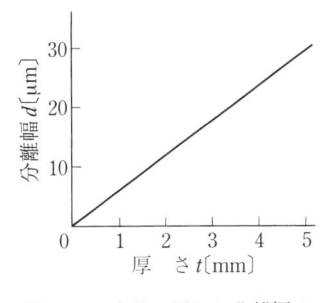

図 4.39 水晶の厚さと分離幅の関係

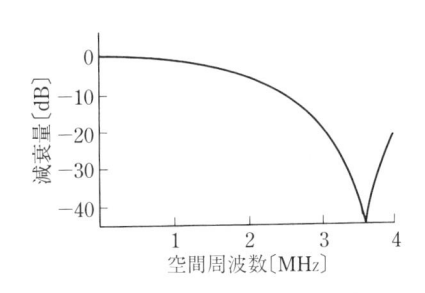

図 4.40 水晶板のカットオフ特性

最近の携帯電話のように，CMOS センサの画素ピッチが小さくなると，撮像レンズの MTF が低下し，高周波成分が抑圧されてくるので，光学 LPF が不要になる場合もある。

また，数学的な画像処理手法を駆使して，信号処理回路で偽信号成分を除去しようとする試みもある。

―――――――――――――― **談　話　室** ――――――――――――――

ピンホールカメラ　ピンホールカメラ（針アナ写真機）は小学生時代に経験した懐かしいカメラである。この原理は幾何光学と回折を理解する上で最適な教材である。

ピンホールは小さいほど幾何光学上で理想のレンズが実現できる。黒く塗ったボール紙に針で穴を開けたが，いまではミクロンオーダで穴はあけられる。ところが穴は小さいほどよいというわけにはいかない。光は波動であるから，ピンホールの大きさが波長に近づくと回折の影響で，かえって光学像がぼけてしまう。図 1 のように，穴から光が広がり，スクリーン上にはスポットで結像されず，広がった回折像が現れる。

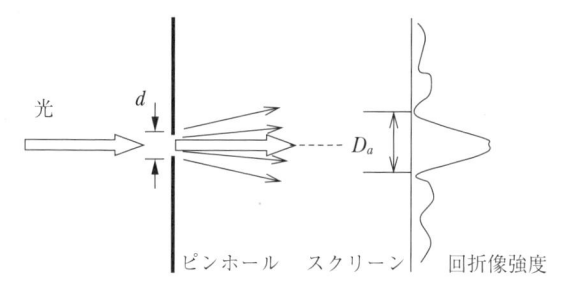

図1 ピンホールの回折の影響

ピンホール径 d と回折像の大きさ D_a，回折がないとしたスポット径 D の関係は**図2**のようになるから，両方を加味したピンホールカメラのスポット径は加算した D_o のカーブになる。

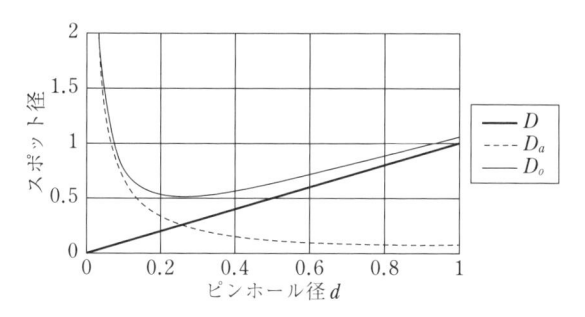

図2 ピンホール径とスポット径の関係

最適値はカーブの最も低いところになるので，理論上は $0.2〜0.4$ mm が最適となる。

久保田弘：波動光学，岩波書店を参照した。

本稿の図面等でエルモ社山田一吉氏に協力頂いた。

5 カラー撮像方式

5.1 カラー撮像の原理

　撮像デバイスでは感光部に結像される光学像の明暗に応じて，信号電荷の蓄積量が変わり，出力信号の振幅が変化するだけで，色の情報は得られない。そこで，光学手段を利用してRGBの3原色光に対応した信号が得られるようにしなければならない。

　表5.1は現在，各種カメラに用いられているカラー撮像方式を示したものである。撮像デバイス1個でカラー情報が得られる単板式と，撮像デバイス3個でRGB信号が得られる3板式に大別できる。単板式はさらに2方式がある。RGB信号が画面ごとに得られる面順次式と，色フィルタアレイを用いて色信号が同時に得られる同時式である。

　現在，家庭用のカメラは色フィルタアレイを用いた同時式の単板式，放送局のカラーカメラはダイクロイックプリズムを用いた3板式がほとんどである。

　これらの詳細は次節以降に述べるが，単板式は光学技術，回路技術，撮像デバイス技術の面で数々の飛躍的な改良が重ねられて完成の域に達してきた。また，3板式はRGB3画面の位置合せが最大のネックであったが，CCDになって画素が空間的に正確に配置されるようになったこと，走査がディジタルになってひずみがなくなったことなどによって，著しく性能が向上し，これも完成の域に達してきた。

　なお，CCDが使われる以前は撮像管という真空管が使われ，撮像管を1本

表5.1 カラー撮像方式

方式	単板式		3板式
	面順次式	同時式	
	レンズ・CCD・デジタルメモリ R,G,B出力, モータ, RGB回転円板	レンズ・CCD・電子回路 Y,R,G,B出力, 色フィルタアレイ	レンズ・ダイクロイックプリズム・R,G,B CCD 3個
色割れ	×被写体が動くと発生	◎	◎
色ずれ	◎	◎	○初期に完全な調整が必要
光の利用率	△1/3の光しか利用しない	◎一部の光が利用できない	◎
解像度	○	○	◎画素ずらし法でさらに向上
小形化	○	◎	△3個のCCD，プリズムのため大きくなる。
低コスト化	△2画面分のメモリ	◎	△ダイクロイックプリズム，バックフォーカスの長い撮像レンズ

使うか，3本使うかによって，単管式，3管式などと呼ばれていた。このことから，固体撮像デバイスは半導体であるから撮像板であるとして単板式，3板式と呼ばれるようになった経緯がある。

5.2　3　板　式

5.2.1　特　性

3板式カメラはCCDを3個用いて，各CCDからそれぞれRGB信号が独立して得られるので，感度，解像度，色調に優れ，色解像度が最も高く，高級型といえる。

前述した色分解プリズムを用い，ダイクロイックフィルタで入射光線を透過あるいは反射させて色分離を行うので，光の吸収などのロスが少なく，光の利用効率も撮像方式の中で最も高い。したがって，感度の高いカラーカメラが実

現できる。

　また，RGBそれぞれにCCDを用いるので，CCDの性能限界までの解像度が採れ，解像度が高いカラーカメラができる。

　さらに，RGB各原色信号がダイレクトに得られるので各原色信号の解像度，色解像度が高く，SN比もよいという特徴がある。このことは後述する単板式では得られないメリットで，画像処理や画像認識などでは効果を発揮することが多い。

　また，後述する画素ずらし方式を用いると，輝度信号の解像度は撮像デバイス単独の限界の1.5倍以上が得られる。

　さらに，3原色の光路が独立なので，各光路にトリミングフィルタを入れることにより，色特性を自由に設定でき，理想特性に近づけることもできる。その結果，色再現性も優れ，色調のよいカラー画像が得られる。これも他の方式にない特徴である。

　このように，3板式はカラーカメラの性能，画質の面で最高の品質が得られる。そこで，放送局のスタジオカメラや取材用カメラは3板式がほとんどである。また，画質優先の業務用カメラ，高画質のビデオカメラには3板式が用いられる。

　この反面，色分解プリズムが必要になり，価格，大きさ，重さでは不利であり，その上，高価な撮像デバイスが3個必要になる。撮像レンズの後に色分解プリズムを設けることで，撮像デバイスまでの距離が必要になり，レンズから結像面までの距離，バックフォーカスをある程度長くすることが必要である。このため，撮像レンズに制約が出てきて，3板式に専用のレンズが必要になる。

5.2.2　撮像デバイスと色分解プリズムとの接合

　3板式カメラではRGB3枚の画像を正確に位置合せをすることが大切である。CCD，CMOSセンサでは前述したように，いったん，位置合せができてしまえば，後から動く要因は少ない。そこで，最初に，色分解プリズムに3個のCCDを正確に位置合せをした上で接着剤やはんだで固定する方法がとられ

る。これが CCD とダイクロイックプリズムとの接合作業である。

CCD はそれ自体が大きな，そして正確なセンサであるので接合用のパターンを被写体として撮像し，RGB 用の画像を重ね合わせて差信号が 0 になるように調整が行われる。空間的な位置や回転，あおりなど図 5.1 に示したような 6 軸制御の微調整が可能な接合装置で位置出しを行った上で，接着剤で固定される。

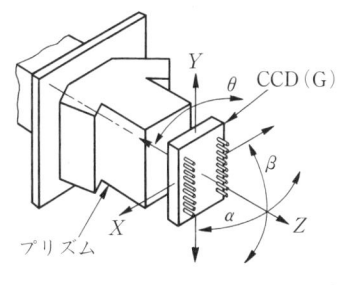

$X : \pm 0.1\ \mu m$
$Y : \pm 0.1\ \mu m$
$Z : \pm 1\ \mu m$
$\theta : \pm 0.9$ 秒
$\alpha : \pm 7.2$ 秒
$\beta : \pm 7.2$ 秒

図 5.1 ダイクロイックプリズムと
CCD の接合

最近では CCD，CMOS センサの画素ピッチが 5 μm 程度になってきたので，接合の精度もサブミクロンオーダが要求される。

5.2.3 画素ずらし

3 板式のカラーカメラで G と R，B の撮像デバイスの間で水平方向の空間的位置を 1/2 画素分ずらすことにより，高解像度の画像を得る技術である。

CCD，CMOS センサでは感光部のホトダイオードは全面に配置されているのではない。CCD では水平方向は垂直転送 CCD やチャネルストッパなどがあり，CMOS センサではトランジスタが配置され，光の無効部分が多い。そこで図 5.2 のように，他のホトダイオードを空間的にこの無効位置に配置し，この画素で信号を補うことにより，水平方向の画素数を実質的に 2 倍近くに増加でき，水平解像度が向上できる[1]。

撮像デバイスの画素ピッチは 5 μm 程度であるから，実際にはこの半分，2.5 μm 程度ずらせて配置することになる。この際，画素ずらし効果を高める

5. カラー撮像方式

```
（ i ） R用CCDの水平位置        （ i ） R, B用CCDの水平位置

（ ii ） B用CCDの水平位置       （ ii ） $G_1$用CCDの水平位置

（ iii ） G用CCDの水平位置      （ iii ） $G_2$用CCDの水平位置
```

（a） R, B, Gの水平画素ずらし　　（b） G_1, G_2の水平画素ずらし

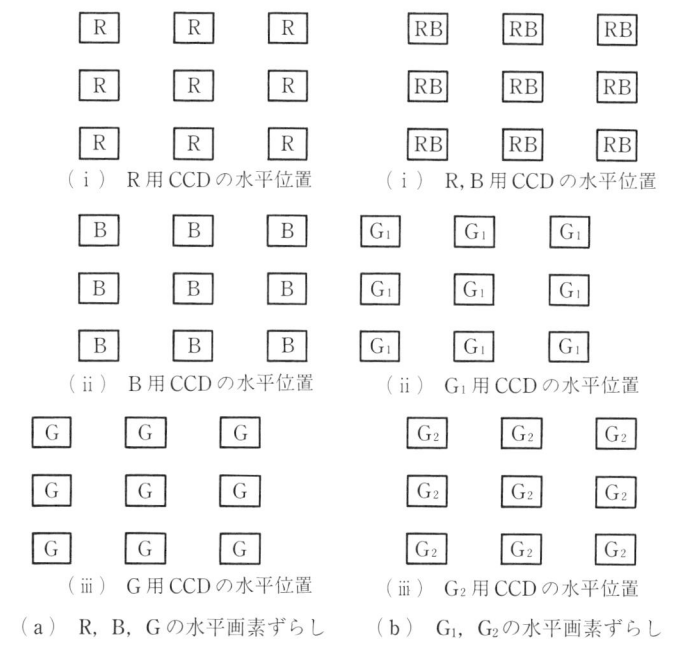

図5.2 水平画素ずらしの原理

ためには感光面全体にわたって精度よくこの位置関係を保つことが必要であり，いっそう高精度の接合技術が要求される。

　3板式での画素ずらしは厳密には色情報が違う成分で補間している。自然界では被写体が特定の波長成分だけで構成されるケースはきわめて少なく，多くの場合にR，G，Bすべての色成分を含んでいることから，無彩色の被写体で各色成分のレベルを等しくなるように調整しておけば，実用上は輝度信号としては十分使うことができる。この際に，一般にはG成分の感度が高く，B成分が比較的低いから，図（a）のようにR，BとGとを水平方向に画素ずらしした上で，G＝R＋Bと仮定してGとR＋Bのレベルをそろえ，R＋B成分で補間したり，Rをゲインアップした上でR＝GとしてR成分で補間するなどが実用化されている。

　実際には130万画素のCMOSセンサを使って，画素ずらしを行うと200万画素のフルHDTVカメラが作られている。

画素ずらしは，このほかにも垂直方向，斜め方向などいろいろと試みられている。

また，画素ずらしをより有効に動作させたものに，Gチャネルを，さらに2分割してそれぞれにCCDを配置し，図（b）のようにG_1とG_2を水平方向にずらせた4板式がある。同じ波長特性の信号で補間し合うので，被写体によって効果が不均一にならず，光学的な収差も小さく，画素ずらしの効果が顕著になる。このような4板式は，高精細度の撮像デバイスが作りにくいUDTV（ultra definition television，超高精細テレビジョン）用カメラなどで実用化されている。

撮像デバイスを複数個用いて，これらの相互間で相対的に画素を1/2ピッチずらす場合について述べてきたが，要は感光部に結像する光学像と感光部の空間的な相対位置を1/2画素ピッチずらせばよいわけで，光学像，あるいは撮像デバイスを時間的にずらせてやれば1個の場合でも画素ずらしが可能になる。ただし，1画面のメモリ，フィールドメモリを用いて電子的に画素を加算する必要がある。したがって，静止画像では有効であるが，被写体やカメラが動くと画像がずれてしまい具合が悪い。

図5.3（a）のように，CCDチップを軽量の特別なパッケージにマウントして，これ自体を移動させる方式[2]や，図（b）のように，撮像レンズとCCDの間の光学パスに楔形のプリズムを挿入し，これを移動させる方式[3]な

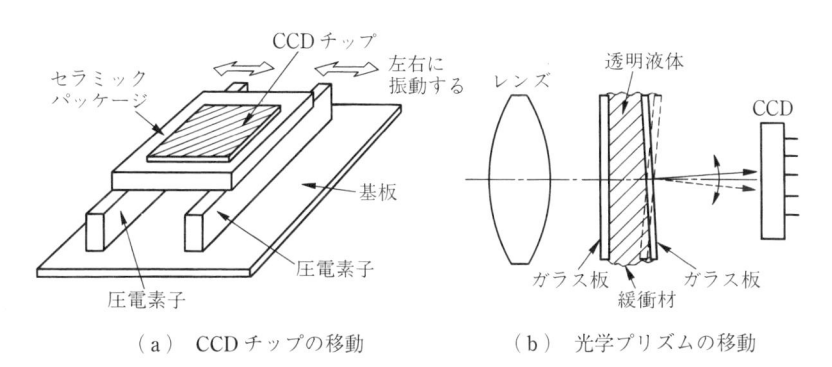

（a）CCDチップの移動　　　　（b）光学プリズムの移動

図5.3　空間画素ずらし（スイング）

どが実用化されている。

5.3　単　板　式

単板式は表5.1のように，面順次式と同時式がある。現在のメインは同時式なので，まず同時式について説明しよう。

5.3.1　特　　性

単板式の特徴は撮像デバイスがディスクリートな画素で構成され，その上に色フィルタがアレイ状に形成されていることであり，これを用いて臨場感や迫力があり，鮮明なカラー画像を得ることである。これを技術的に考えると，この出力信号から解像度，SN比，色調がよく，偽信号の少ないカラー画像を作り出すことである。

単板式カメラは，家庭用の各種カメラから業務用カメラまで幅広く用いられている。これには，色フィルタアレイの配列や色分離方式を含むカラー撮像方式の研究開発を中心に，色フィルタアレイ製造技術，光学LPF，小型撮像レンズの開発，高密度実装技術の開発，信号処理・高機能処理技術の開発などの広範囲な総合技術の進歩によるところが大きい。

　単板式カメラで要求されることは
　① 輝度信号の周波数帯域が広く採れ，解像度が高い
　② 光の利用率がよく，感度が高い
　③ 色調がよい
　④ 折返しひずみが少なく，偽信号が出にくい
　⑤ 自動化機能があり，操作性がよい
　⑥ 低消費電力
　⑦ カメラ全体が小型・軽量・堅牢

などである[4]。①～④は画質性能に関するもので，⑤～⑦は使い勝手に関するものである。

5.3 単板式

単板式が製品化された当初は画質性能にも数々の課題があったが，最近では著しく改善され，上記項目は当たり前のことになった。

さらに，自動フォーカス，自動絞り，手ぶれ補正などが搭載され，色温度の補正も実用段階に達し，カメラを被写体に向けるだけで失敗のない画像がいつでも撮れるようになり，操作性の点でも著しく進歩している。

単板色カメラの信号を周波数成分で見ると，図 5.4 のように一般の変調理論とは異なり，搬送波の周波数が低く設定されている。本来，搬送波の 1/2 以下に信号成分の周波数帯域を抑えることが必要であるが，カメラの場合，これでは解像度が低下し過ぎるために，信号成分の高域をギリギリ高く取っている。このために，当然ながら，変調波とベースバンド成分の高域部分が帯域を共有して折返しひずみが発生し，偽信号となる。これを光学 LPF や信号処理技術で補正し，目立たなくすることが重要な課題になっている。

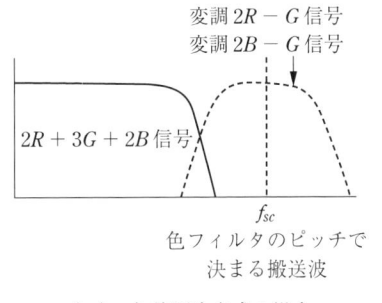

(a) 色差順次方式の場合：$2R+3G+2B$ 信号，変調 $2R-G$ 信号，変調 $2B-G$ 信号，f_{sc} 色フィルタのピッチで決まる搬送波

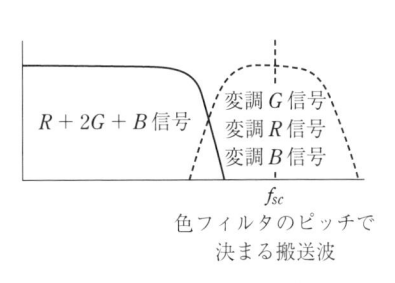

(b) ベイヤー (Bayer) 方式の場合：$R+2G+B$ 信号，変調 G 信号，変調 R 信号，変調 B 信号，f_{sc} 色フィルタのピッチで決まる搬送波

図 5.4 単板式の周波数スペクトラム

実用されているカメラでは M，G，Y，C の 4 色からなるいわゆる補色タイプの色フィルタアレイを用いた場合，40 万画素 CCD で 560 TV 本の水平解像度が得られるが，カラーでも 480 TV 本程度の水平解像度が得られるようにしている。

図 5.5 は，各種方式のカメラで得られる撮像デバイスの画素数と解像度の関係をまとめて示したものである。厳密にはモアレの出方やフィルタの特性によっても異なるが，実験的に確かめられたもので，概略を知る上で便利である。

118   5. カラー撮像方式

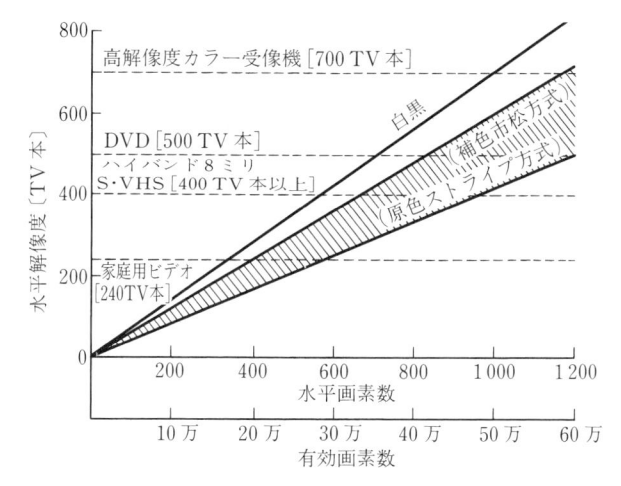

図5.5　各種方式のカメラと解像度の関係

5.3.2　色フィルタアレイ

単板式に用いられる色フィルタアレイには，**図 5.6** に示すように数々の配列が開発，実用化されてきた．その中で，補色フィルタ配列ではフィールド色差順次が原色フィルタ配列はベイヤーが使われることが多い．

図 5.7 に実際の色フィルタアレイに用いられている補色フィルタ Y，M，C の分光透過特性を，**図 5.8** に原色フィルタ R，G，B の分光透過特性を示す．

5.3.3　色差順次方式

フィールド色差順次は，色信号が色差信号の形で走査線ごとに線順次で得られる方式で松下によって提案され，現在では単板式のビデオカメラはほとんどがこの方式である．この基本形を**図 5.9**，**図 5.10** を参照して説明しよう[5]．

ビデオカメラでは垂直2画素加算読出しでインタレースを行う必要がある．そこで図 5.9（a）のように，第1フィールドでは n 番目の走査線は $M+Y$，$G+C$，$M+Y$，$G+C$ の順に信号が読み出され，$n+1$ 番目の走査線は $G+Y$，$M+C$，$G+Y$，$M+C$ の信号が読み出されていく．

ここで，$M=R+B$，$Y=R+G$，$C=G+B$ であるから，n 番目の走査線

5.3 単板式

(i) ベイヤー　(ii) インタライン　(iii) Gストライプ RB市松　(iv) Gストライプ RB完全市松

(v) ストライプ　(vi) 斜めストライプ　(vii) 原色色差

(a) 原色フィルタ配列〔(v), (vii)は加算読出しも可, ほかは全画素独立読出しのみ, インタレースの場合は垂直に同色が並ぶ〕

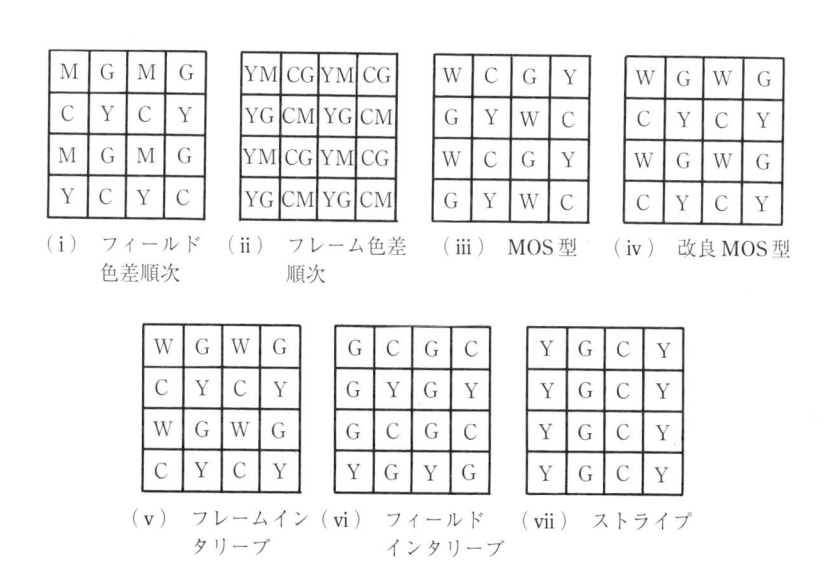

(i) フィールド色差順次　(ii) フレーム色差順次　(iii) MOS型　(iv) 改良MOS型

(v) フレームインタリーブ　(vi) フィールドインタリーブ　(vii) ストライプ

(b) 補色フィルタ配列〔(ii)〜(v)は全画素独立読出しのみ, (i), (vi)は加算読出し〕

図5.6 単板式用色フィルタアレイ

120   5. カ ラ ー 撮 像 方 式

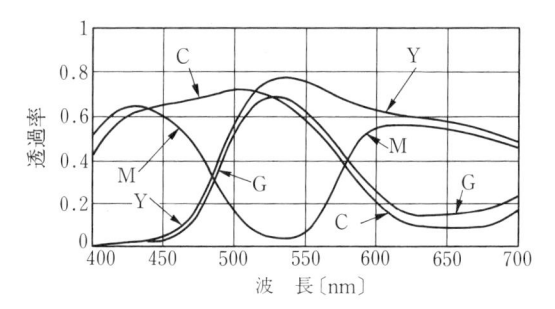

図 5.7 補色フィルタ Y, M, C の分光透過特性

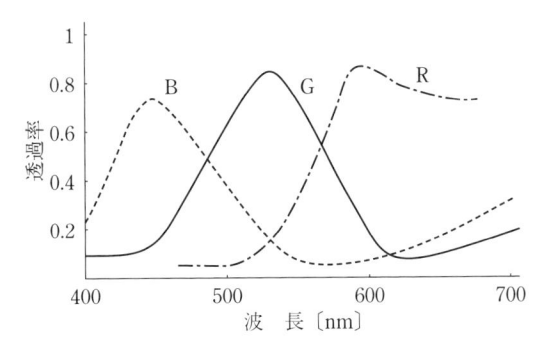

図 5.8 原色フィルタ R, G, B の分光透過特性

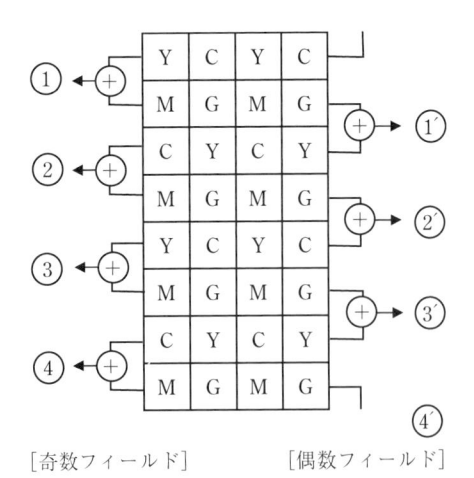

[奇数フィールド]   [偶数フィールド]

図 5.9 色差順次方式の色フィルタアレイ

5.3 単　板　式

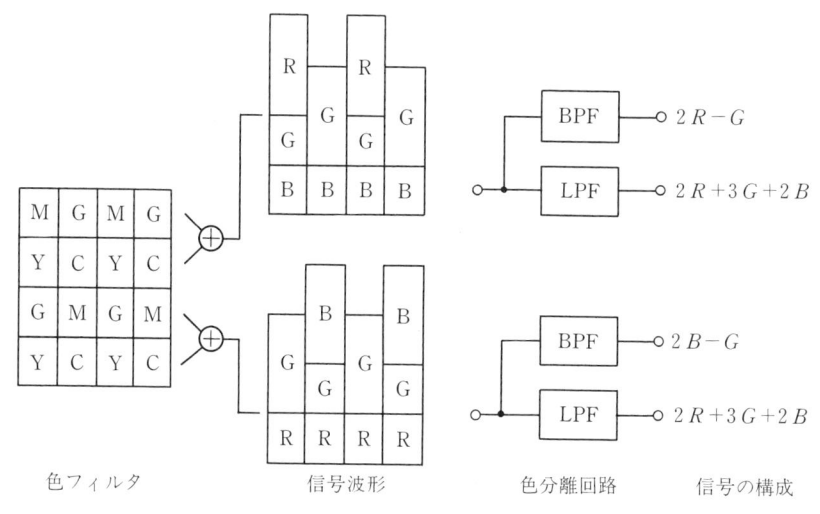

図5.10　色差順次方式の色分離

では $M+Y=2R+G+B$, $G+C=2G+B$ となる。これらの信号波形はパルス振幅変調になっているので，高調波成分は省略して直流成分と基本波成分で表すと

$$S_o = \{(M+Y)+(G+C)\} + \frac{1}{2}\{(M+Y)-(G+C)\}\sin 2\pi f_s t$$

$$= 2R+3G+2B + \frac{1}{2}(2R-G)\sin 2\pi f_s t$$

一方，$n+1$ 番目の走査線では

$$S_e = \{(M+C)+(G+Y)\} + \frac{1}{2}\{(M+C)-(G+Y)\}\sin 2\pi f_s t$$

$$= 2R+3G+2B + \frac{1}{2}(2B-G)\sin 2\pi f_s t$$

ただし，f_s：色フィルタのピッチで決まる搬送波の基本周波数となる。

ここで，輝度信号は直流成分 $2R+3G+2B$ を LPF で分離することで得られる。この直流成分はどの走査線でも等しい。

一方，二つの色差信号 $2R-G$, $2B-G$ は f_s を中心とする帯域通過フィルタ（band pass filter，略して BPF）で分離，検波することで走査線ごとに交

互に，すなわち，線順次で得られる。ここで，厳密にいうと輝度信号成分も NTSC 信号の RGB 信号の比率と若干異なる。また，色差信号は本来 $R-G$, $B-G$ 成分であるが，NTSC 信号に変換する際の色複搬送波の位相を変えて変調することである程度の補正ができる。

なお，$M=R+B$，$Y=R+G$，$C=G+B$ として説明してきたが，これも

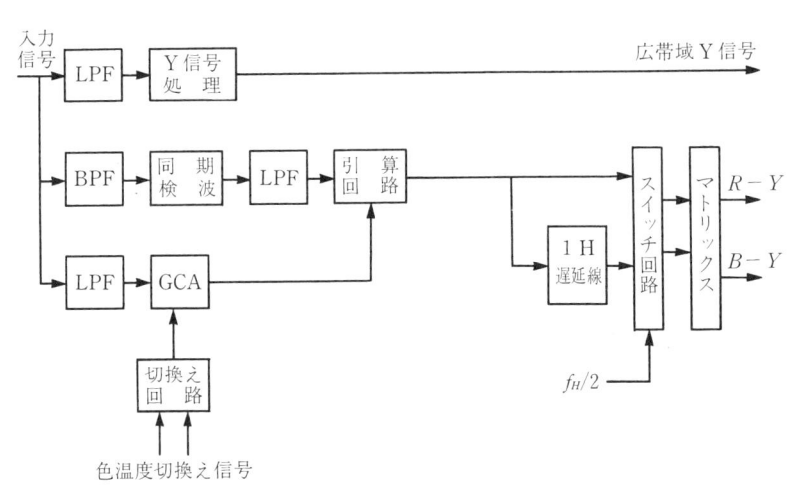

(a) 色差処理方式

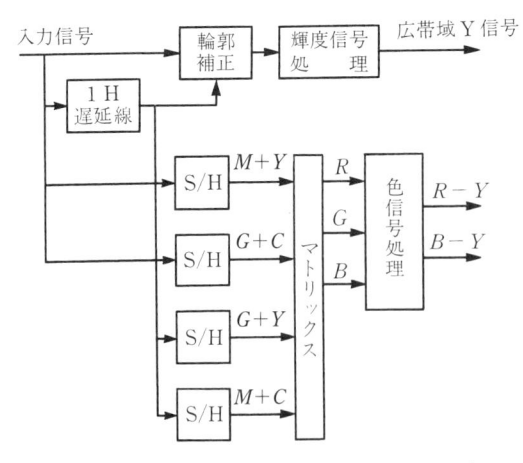

(b) RGB 処理方式

図 5.11 色差信号の色分解方式

厳密には問題がある。すなわち，実際に使われる色フィルタアレイの分光特性は図5.9のような特性である。CCDの分光感度特性は図3.2であるから，これに照明の分光特性や撮像レンズの特性を掛け合わせた積分値が各色の特性になる。したがって，直接，色フィルタから得られるG成分とY，Cに含まれるG成分とは若干異なることである。その反面，B成分は色フィルタやレンズ，照明の特性を考慮すると若干低下する傾向があり，輝度信号成分のRGBの構成比率は見かけの上の式と比べてBの寄与率が下がり，あまり問題とならない。

以上，色差順次方式の色信号分離の原理を図5.10で模式的に説明してきたが，実際には**図5.11**（a）に示す色差信号で処理する方式と，図（b）に示す直流成分でRGBの原色信号に直して処理する方式が実用化されている。

なお，色差順次方式は図5.9の色フィルタを用いることにより，全画素読出しでも構成できる[6]。

5.3.4 ベイヤー方式

コダック社のBayerの提案による色フィルタアレイの代表的な配列で，**図**

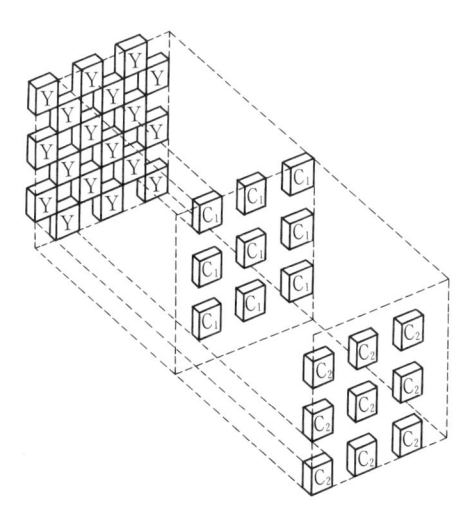

図5.12 ベイヤー方式の色フィルタアレイの原理

5.12のように，まず，市松状に高解像度が必要な輝度信号用のYを配置し，残りの部分に比較的解像度を要求されない2種類の色C_1，C_2を市松状に配置させるものである[7]。これを実現する基本構成は**図5.13**（a）に示すような輝度信号の寄与する割合の大きいGを市松状に配置し，残りの部分にR，Bをさらに市松状に配列したものである。2次元的に対称な配置になっていて効率が良い。順次走査方式や，静止画像を得る場合にはこのままの基本配列が使用できる。

R G R G	R G R G	R G R G	R G R G	R G B G
G B G B	R G R G	B G B G	G R G R	R G B G
R G R G	G B G B	G B G B	B G B G	G R G B
G B G B	G B G B	G R G R	G B G B	G R G B
R G R G	R G R G	B G B G	G R G R	R G B G
G B G B	R G R G	G B G B	B G B G	R G B G

（a）ベイヤー方式 （b）ベイヤー方式 （c）改良ベイヤー （d）改良ベイヤー （e）インタライン
基本形 インタレース 方式 方式 方式
基本形

図5.13 ベイヤー方式の各種色フィルタアレイ

しかし，普通のNTSC方式のカメラではインタレース動作を行うのでこのままでは具合が悪い。走査線1本おきに走査していくと，R，B信号が同時に得られず面順次になってしまうからである。そこで，図（b）に示すような垂直方向に同一色を2画素ずつ配置する配列にすると，R，B信号を走査線ごとに線順次で得ることができる。これはダブルベイヤー方式とも呼ばれる。一方，G信号は2ラインごとにサンプリング点がπ位相ずれているので，前の走査線の信号を加算することにより，2倍の周波数帯域の信号となる。1H遅延信号をS_0，現時点の信号をS_1とすれば輝度信号Yは

$$Y_1 = R_0 + G_1 + G_0 + B_1$$

このようにして，輝度信号は現信号のG_1，B_1と1H遅延信号のR_0，G_0信号を加算することにより得られる。しかし，1H遅延信号は隣接ラインではなく2ライン目の信号であり，加算すると垂直方向のアパーチャが広がり，垂直解像度の低下になる。

図（c），（d）のように繰返し周期を変え，折返しひずみを小さくするもの，図（e）のようなRBをストライプ状に配置してRBを同時に得るなどの工夫がされている[8]。

ベイヤー方式では1980年代にソニーからビデオカメラが製品化されたが，当時はアナログ信号処理が用いられていたので，偽色信号が生じないように回路方式に工夫が施された[9]。

ベイヤー方式はインタレースが必要な動画像のカメラ，ビデオカメラには不向きであったが，静止画像が主流のデジタルカメラの時代になって幅広く使用されるようになった。

また，デジタルカメラは写真フィルムとの比較で，色再現性と偽色信号処理に重点が置かれた。一方，カメラの信号処理がディジタル化されるにつれて，2次元画像処理技術が採り入れられ，著しく画質改善に効果を挙げた。これらはデモザイキング（demosaicing）技術として研究開発され，色信号処理技術は大きく進歩した。この詳細は5.3.6項に記す。

5.3.5 その他

単板式は表5.1のように，面順次式がある。撮像デバイスの前にRGBに塗り分けられた色フィルタを回転させ，撮像デバイスに入る光をRGB光線に分割する。RGBの画像が画面ごとに切り換えて順番に得られる，時分割でカラー情報が得られる面順次方式である。被写体に当てる光を画面に同期してRGBに切り換えても同じ効果が得られる。

もう一つは撮像デバイスの表面に，画素に対応して原色のRGBや補色のY，C，Mなどの色フィルタアレイを設け，カラー情報が同時に得られる同時式である。

面順次式はRGB信号が1フィールドごとに得られるから，白黒で表示されたCRTの前に撮像の場合と同様に，同期してRGBのフィルタを回転させればカラーの画像が得られる。しかし，表示装置は普通は同時式だから，フィールドメモリを用いて同時信号に変換しなければならない。しかしながら，順次

方式なので，被写体が移動したり，カメラを動かすとRGB画像がずれてしまい，色ずれが生じ，著しく画質を損なうことになる。しかし，簡単に色調のよいカラーカメラがつくれるというメリットもあり，医療用など特殊な分野で使われている。

現在，単板式カラー撮像方式ではビデオカメラ用の色差線順次方式とデジタルカメラやカメラ付き携帯電話用のベイヤー方式がほとんどである。

しかし，一部で3色ストライプ方式，Gストライプ方式，周波数インタリーブ方式，MOS型フィルタ方式などが採用されてきた。

ストライプ方式は，アナログ信号処理では比較的簡単にカラー画像が得られる点で特徴があった。また，周波数インタリーブ方式は図5.14の色フィルタを用い，図5.15に示したように，変調色信号を輝度信号の高周波領域に多重するもので，これもアナログ信号処理でSN比がよく，色信号を分離できる特徴があった[10]~[13]。

W	G	W	G
W	G	W	G
C	Y	C	Y
C	Y	C	Y
W	G	W	G
W	G	W	G

（a）フレーム蓄積

C	G	C	G
Y	G	Y	G
C	G	C	G
G	Y	G	Y
C	G	C	G
Y	G	Y	G

（b）フィールド蓄積（その1）

Y	W	Y	W
C	W	C	W
Y	W	Y	W
W	C	W	C
Y	W	Y	W
C	W	C	W

（c）フィールド蓄積（その2）

図5.14　周波数インタリーブ方式の色フィルタアレイ

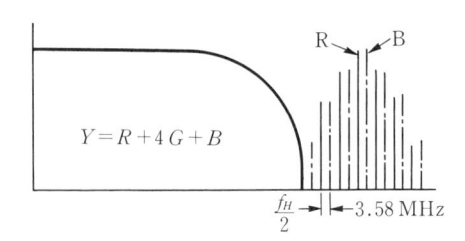

$Y = R + 4G + B$，$\frac{f_H}{2}$，3.58 MHz

図5.15　周波数インタリーブ方式の周波数スペクトラム

固体カメラの初期に製品化されたMOS型では図5.16のように，画素ずらしの考えを取り入れた⊿配列も実現されてきた[14)~16)]。

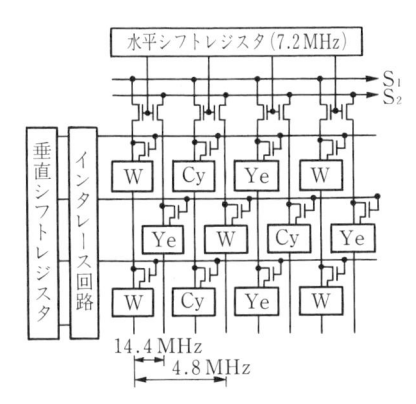

図5.16 MOS型撮像デバイス用色フィルタアレイ（Δ配列）

イメージセンサの画素数が少ない時代には，入射光線をGとR，Bの2色に分割する色分解プリズムとRB2色フィルタを用いた2板式カラーカメラも開発された[17)]。また，このとき，G用CCDとR，B用CCDの画素配置を水平方向に1/2画素分ずらせて配置することにより，解像度を向上させた例もある[18)]。

画素数が少なくても高解像度のカメラが必要な場合には，図5.17のようなG_1，G_2とGを2チャネルにした4色分解のダイクロイックプリズムが開発され，4板式カラーカメラが作られた。G用CCDに入る光は1/2になるが，G_1，G_2の配置を1/2画素ピッチずらせると解像度は2倍近くに向上する。

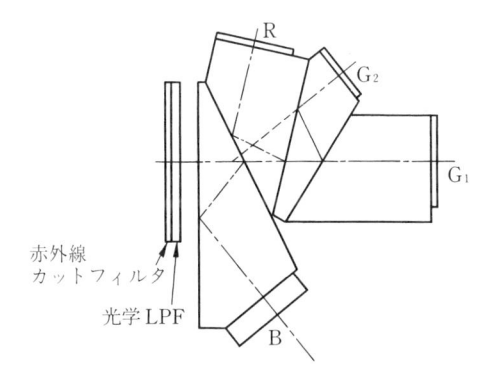

図5.17 4色分解ダイクロイックプリズム

5.3.6 デモザイキング

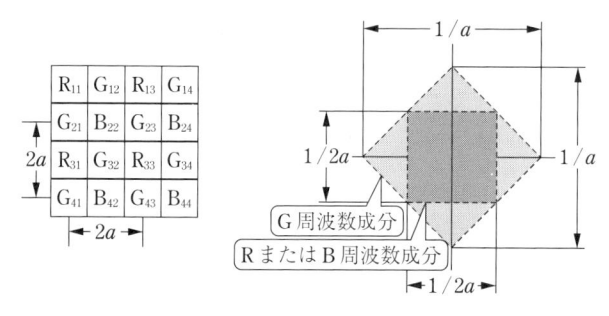

ベイヤー配列ではGの画素がR，B画素の2倍あり，しかも市松状に配列されている。これに対してR，B画素は格子状配列である。この関係を周波数領域で示すと，**図5.18**のようになる。G画素はxy方向$1/a$を頂点とするひし形の範囲なのに対し，R，B画素はそれぞれxy方向$1/2a$の矩形の範囲になる。すなわち，G画素に対し，R，B画素の再現範囲が異なることが，画像の輪郭部分でエッジやテクスチャでのエリアシングの発生や偽信号の発生原因となっている。これをそろえるためにはR，B画素の欠落位置に信号を挿入して，G画素と同等な配列を実現する必要がある。そこで，これにはまず，G画素の欠落部分にいかにうまく挿入できるかにかかっている。これらの手法がデモザイキングとなる。

図5.18 ベイヤー配列の周波数成分

従来のアナログのカメラ信号処理では1ライン信号を遅延させる，いわゆる1H遅延線が負担になるため，せいぜい2H遅延線を用いる程度で，1次元処理を基本としていた。

1H遅延線としては超音波遅延線，CCD遅延線などが使われた。前者では，専用に28MHz程度の周波数で変復調させる回路が必要であり，後者ではイメージセンサの水平転送CCDと同様な高性能CCDが必要であった。

しかし，処理の基本がアナログからディジタル回路方式に変わったことにより，ラインメモリが比較的自由に使えるようになり，信号の2次元処理が可能になった。その結果，処理方式が大きく変化してきた[19]。

5.3 単 板 式

図 5.19（b）に示すように，補間対象の G はつねにクロスに G 画素があるが，補間対象の R，B については図（c）に示すように，3 通りの状態がある。

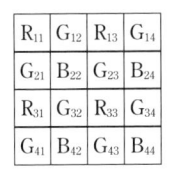

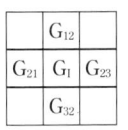

（a） ベイヤー配列のパターン　　（b） G フィルタの補間

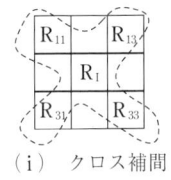

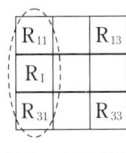

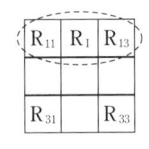

（i） クロス補間　　（ii） 垂直補間　　（iii） 水平補間

（c） R フィルタの補間（3 種類ある）
（B フィルタも同じ）

図 5.19　補 間 の 種 類

したがって，単純なリニア補間を行う場合には G は

$$G_I = \frac{G_{12} + G_{21} + G_{23} + G_{32}}{4}$$

となる。

一方，R，B については

クロス補間では　　$R_I = \dfrac{R_{11} + R_{13} + R_{31} + R_{33}}{4}$

垂直補間では　　$G_I = \dfrac{R_{11} + R_{31}}{2}$

水平補間では　　$R_I = \dfrac{R_{11} + R_{13}}{2}$

となる。

しかしこの方法はいわゆるスムージングであり，単に LPF 効果が得られるだけである。したがって，画像が変化していない領域であれば問題ないが，エッジやテクスチャでは誤差が大きくなる。

〔1〕エッジ方向を用いた補間 そこで，エッジの方向性を判断して補間するエッジ方向補間法が用いられる。これは図 5.20 に示すように，B_{22} の位置に G_I を補間する場合に，B_{22} の周囲の画素を見て，好ましい補間方向を判断する。具体的には水平と垂直の G の勾配を計算し，ΔV と ΔH を比較して，どちらかが一定の閾値以下であれば，小さい方の隣接画素の平均を用いる。両方とも閾値を超えるか，低ければ両方向の平均を用いる[20]。

R_{11}	G_{12}	R_{13}	G_{14}
G_{21}	B_{22}	G_{23}	B_{24}
R_{31}	G_{32}	R_{33}	G_{34}
G_{41}	B_{42}	G_{43}	B_{44}

	G_{12}	
G_{21}	G_I	G_{23}
	G_{32}	

$\Delta H = |G_{21} - G_{23}|$
$\Delta V = |G_{12} - G_{32}|$
$\Delta H > \Delta V \cdots G_I = (G_{12} + G_{32})/2$
$\Delta V > \Delta H \cdots G_I = (G_{21} + G_{23})/2$
その他 $\cdots G_I = (G_{12} + G_{21} + G_{23} + G_{32})/4$

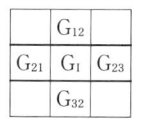

図 5.20 エッジ方向性を加味した補間の一例

この考え方を色情報に適用することにより，勾配の判別精度を向上させるアイデアがある。図 5.21 は G_{33} を補間する場合にこの周囲の R 画素を計算して勾配を求めるものである[21]。G だけで補間する場合は 3×3 画素で勾配を見ていたが，R を用いることにより 5×5 画素で勾配を見ることができ，予測精度が上がる。

		R_{13}		
		G_{23}		
R_{31}	G_{32}	R_{33}	G_{34}	R_{35}
		G_{43}		
		R_{53}		

$\Delta H = |(R_{31} + R_{35})/2 - R_{33}|$
$\Delta V = |(R_{13} + R_{53})/2 - R_{33}|$

$\Delta H > \Delta V \cdots G_I = (G_{23} + G_{43})/2$
$\Delta V > \Delta H \cdots G_I = (G_{32} + G_{34})/2$
その他 $\cdots G_I = (G_{23} + G_{32} + G_{34} + G_{43})/4$

図 5.21 エッジ方向性を加味した補間の一例
(R_{33} を G_I として補間する場合)

さらに，両者を合わせることにより，精度を上げる方式を図 5.22 に示す[22]。G の勾配を判断する際に補正項として R の勾配を加える。この方式は

		R13		
		G23		
R31	G32	R33	G34	R35
		G43		
		R53		

$$\Delta H = |G_{32} - G_{34}| + |2R_{33} - R_{31} - R_{35}|$$
$$\Delta V = |G_{23} - G_{43}| + |2R_{33} - R_{13} - R_{53}|$$

（1） $\Delta H > \Delta V$ のとき

$$G_{33} = (G_{23} + G_{43})/2 + (2R_{33} - R_{13} - R_{53})/4$$

（2） $\Delta V > \Delta H$ のとき

$$G_{33} = (G_{32} + G_{34})/2 + (2R_{33} - R_{31} - R_{35})/4$$

（3） $\Delta V \fallingdotseq \Delta H$ のとき

$$G_{33} = (G_{23} + G_{43} + G_{32} + G_{34})/4 + (4R_{33} - R_{13} - R_{53} - R_{31} - R_{35})/8$$

図5.22 ACPI 方 式

ACPI（adaptive color plane interpolation）方式といわれる。

補間信号にもGだけでなく，補正項としてR成分の変化を加味している。

計算は多少複雑になるが，エッジ方向の検出に効果がある。

〔2〕 **画素置換え法** 一様な画像では色相が一定であると仮定すると，色の比率が一定であることになる。

そこで，周囲の画素から二つの色の比率を求め，この比率の平均値で画素を置き換えることによってR，B画素を生成する方法がある[23)]。まず，Gは前述した手法で，線形補間により欠落画素を補間する。この場合，エッジを考慮した補間を行ってもよい。

つぎにR，B画素を生成する。この手法は同一なので，Rを生成する場合について示す。ベイヤー方式ではRの欠落位置は図5.19（c）に示したように3通りある。まず，図（c）(ii）の場合は（2,1）の位置を生成するので，垂直両隣の比を用いて

$$R_I = G_{21}\left(\frac{R_{11}}{G_{11}} + \frac{R_{31}}{G_{31}}\right)/2$$

となる。図（c）(iii）の場合は（1,2）の位置を生成するので，水平両隣の比を用いて

$$R_I = G_{12}\left(\frac{R_{11}}{G_{11}} + \frac{R_{13}}{G_{13}}\right)/2$$

となる。一方，図（c）(i）では（2,2）の位置を生成するので，クロスの4画素の比率を用いて

$$R_I = G_{22}\left(\frac{R_{11}}{G_{11}} + \frac{R_{13}}{G_{13}} + \frac{R_{31}}{G_{31}} + \frac{R_{33}}{G_{33}}\right)/4$$

となり，すべての画素が生成できる．この方法はCHBI（constant hue based interpolation）方式と呼ばれる．

　上記方式に，エッジ検出を加味した方式がある．いくつかの方向にエッジ指標（edge indicator）を設定しておく．ある方向にエッジがありそうな場合にはエッジ指標の値が小さくなり，その方向の隣接画素の寄与が少ないと判断される．この場合に比率を単純加算するのでなく，重み付け加算することにより，置き換えの精度を向上している[24]．

〔3〕**そ の 他**　ベイヤー配列ではGの画素がR，B画素の2倍あり，しかも市松状に配列されている．これに対してR，B画素は格子状配列である．エリアシングが発生するのはこの周波数帯域の差が要因である．GとR，Bの周波数帯域の差に相当する高周波成分を抽出し，これを変調してR，B画素に加算してエリアシングを除去使用するものもある[25]．この方式も高周波成分がRGBで等しいと仮定しているので，この仮定が崩れるとエリアシングがかえって強調されかねない．

　国内でもデモザイキングの発表がある[26]〜[29]．

談 話 室

カメラの発想　　筆者の勤務していた研究所では万国博用のカラーテレビ電話の開発が急務で，徹夜に近い業務が続いていた．しかし，気力が充実しているときは思いがけない発想も生まれる．VTRではトラックを斜めに描く発想で成功したのに，などと考えていた．垂直に並べるのが常識だった色ストライプフィルタ．学生時代に嫌々学んだフーリエ解析が思い浮かんだ．斜めにすれば周波数インタリーブができるではないか．寝ていた布団から飛び起き机に向かった．アイデアがまとまる頃には空が明るくなっていた．周波数インタリーブによって，撮像管に要求される周波数が6 MHzから5 MHzに軽減されて世界初の単管式カラーカメラが実現できた．

6 信号処理技術

6.1 電荷の検出

電荷の検出は撮像デバイスにとって，SN比に関連する大切な課題である。CCDでは水平転送CCDに隣接して設けられる検出回路1個で行われる。CMOSセンサでは画素ごとにホトダイオードに隣接して検出回路が設けられる。電荷の検出方式は，図6.1〜図6.3に示すように3種類の形に大別される。

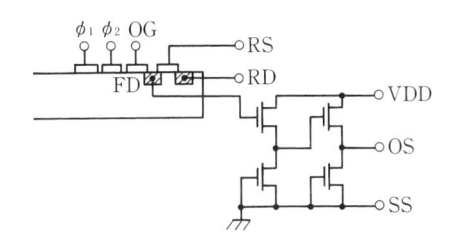

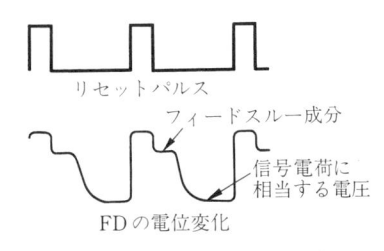

（a）回路構成　　　　（b）リセットパルスと信号波形

RS：リセット　　RD：リセットドレーン
FD：フローティングディフュージョン（浮遊拡散層）
OS：出力端　　VDD：電源　　SS：サブストレート

図6.1　CCD出力回路-FDAと信号波形

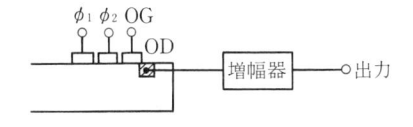

OG：出力ゲート
OD：出力ダイオード

図6.2　CCD出力回路-出力ダイオード

FG：フローティングゲート
図6.3 CCD出力回路-FGA

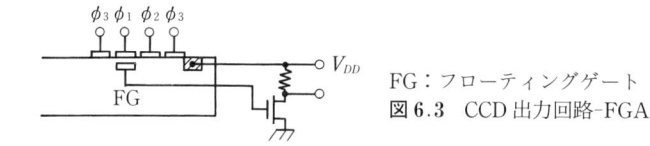

図6.1（a）はフローティングディフュージョンアンプ[1]（floating diffusion amplifier，略してFDA）で，CCDと同一チップ上にMOS FETで作られ，このゲートがCCDのフローティングディフュージョン（FD）に接続された構造となっている。この動作は図（b）に示すように，CCDのRSに＋のリセットパルスを加えてゲートを閉じONにして，FDの電位をV_{DD}に充電する。普通は＋15V程度の電源電圧になる。つぎに，パルスがなくなるとゲートが開いてOFFになり，FDは浮いた状態になっている。OGがONになるとCCDから信号電荷が注入され，図（b）に示すようにFDの電位が変化する。この関係はFDの容量をC_Fとすると，$\Delta Q = C_F \times \Delta V$で電圧に変換され，最終電位が信号電荷の量に比例する。このFDはMOS FETのゲートに接続されているからソースホロワ回路を通して増幅して出力に取り出される。

ここで，信号出力の大きさE_Sは

$$E_S = A \times \Delta V = \frac{Q_S}{C_F} \times \frac{g_m \times R_S}{1 + g_m \times R_S}$$

ただし，Q_S：FDに注入される信号電荷，A：MOS FETの電圧ゲイン，g_m：FDAの伝達コンダクタンスである。

したがって，静電容量C_Fが小さいほどE_Sが大きく，変換効率が高くできる。しかし，C_Fは本来のFDの容量C_{FD}のほかに，RS，OG，MOS FETのゲートとの間のそれぞれの結合容量C_{FR}，C_{FO}，C_{FM}が加算され，$C_F = C_{FD} + C_{FR} + C_{FO} + C_{FM}$となるから，これらをなるべく小さくすることが必要である。

通常，このオンチップアンプはCCD出力回路では2段，3段のソースホロワで構成される。この回路方式は出力容量が小さくでき，高い出力電圧が得られる点で効果がある。

図6.2は，転送されてきた信号電荷を出力ダイオードに注入し，外部へ流れ

出た信号電流を検出する方法である．出力ダイオードに外部の電流増幅回路を接続して取り出す．この方法は直線性がよいが，配線などの浮遊容量が増加するという欠点があり，CCD開発の初期には使われたが，現在はほとんど使われていない．

図6.3は転送電極の下の基板側にフローティングゲート[2]（floating gate, 略してFG）を設け，FG下のチャネルを通過する信号電荷の大きさで，FGの電位変化が生じることを利用して検出する方式である．この方式では，信号電荷を非破壊で取り出せることが特徴である．

6.2　雑音抑圧回路

CCDの雑音のおもなものは転送雑音，出力増幅器の雑音，リセット雑音，それに暗電流に起因する雑音，光ショット雑音である．この中で転送雑音は電荷が転送していく際に生じる雑音である．埋込みチャネルCCDが一般に用いられるようになって以来，ほとんど問題とならないレベルにある．出力増幅器

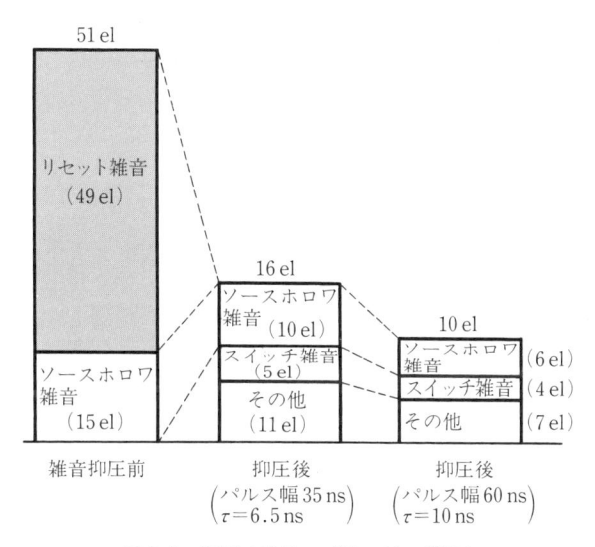

図6.4　相関二重サンプリングの効果[3]

の雑音はソースホロワの雑音であり，このノイズを減少させることがCCD雑音改善の一つの課題である。

一方，リセット雑音はFDのリセット時に生じる雑音であり，これはかなり大きい。図6.4はフローティングディフュージョンアンプの雑音を実測した一例[3]である。このようにリセット雑音を軽減することが最も効果があるが，相関二重サンプリング回路[4]（correlated double sampling circuit，CDS回路）を用いることにより達成できる。CCD出力波形は図6.5のようにリセット期間 t_R，フィードスルーの0レベル期間 t_0，信号期間 t_S の三つの期間に分けられる。このとき，フィードスルーに含まれるノイズと信号に含まれるノイズが同じ $+N$ で相関を持っていることを利用してノイズを減少させるものである。t_0 期間のフィードスルーレベルをクランプした上で，信号期間 t_S の信号をサンプルホールドする。これにより，リセット雑音，$+N$ の部分を除去することができる。

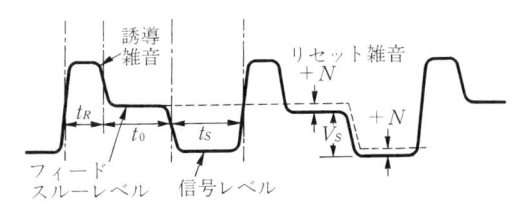

図6.5 CCDの信号出力波形

図6.6はこれを実現するための回路の実例である。t_0 でリセットスイッチ S_R をオンし，一定電位にクランプする。リセットスイッチ S_R をオフすると

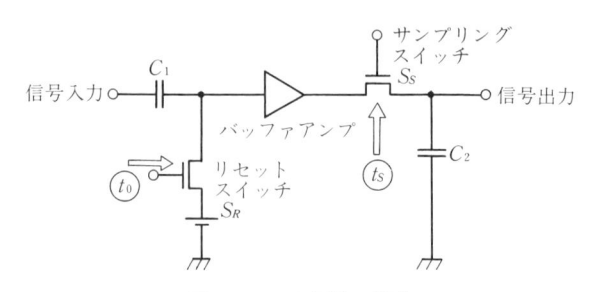

図6.6 CDS回路の構成

C_1 の出力側はクランプ電位から信号電荷のレベルだけ変化するから，t_S でサンプリングスイッチ S_S をオンするとこのレベルが C_2 に保持され，$+N$ を除いた信号成分だけが得られる。CDS 回路ではノイズは 1/5 以下に減少できる。

　しかし，信号に含まれる高域のノイズがサンプリングによって，折りかえって映像信号の帯域に混入し，かえってノイズが増加することがある。したがって，LPF で周波数帯域を制限することが必要である。また，CCD の画素数が増加してくると，信号の周波数が高くなり，出力信号も図 6.5 のようなきれいな波形が得られにくくなる。さらに，各位置をクランプ，サンプルホールドするためには，信号周波数の 3 倍以上の高速パルスを精度よく得ることが必要になる。位相がずれて誤った位置をクランプ，ホールドするようだと，かえって雑音が増加することになりかねないので注意する必要がある。

　CMOS センサではカラム読出しで信号が取り出されるので，ラインごとに CDS が設けられる。また，最近ではアナログ信号で一度 CDS 回路を通し，さらにディジタル信号で通す 2 重 CDS 回路が用いられる[5]。

6.3　傷欠陥補正回路

　撮像デバイスでは数々の傷欠陥が生じやすいが，画面中に傷欠陥が一つでもあると，いつも固定した位置に現れるので気になるものである。したがって，製品レベルでは傷欠陥は皆無にしなければならない。しかしながら，当初はなくても使用中に発生することもあって，CCD の発明当初から現在に至るまで傷欠陥は永遠の課題である。このため傷欠陥を電子的に補正する試みは数多く行われてきた。

　基本的には傷欠陥発生位置の画素を隣接画素で置き換える方法が採られる。撮像デバイスは垂直，水平とも走査はディジタルで，離散的に配列された画素を順次走査しているから傷欠陥画素の位置を検出するのは比較的簡単である。撮像デバイスの検査段階で傷欠陥の位置，xy アドレスを記録し，この情報を ROM に焼き込んでおく。走査がこの位置に来たときに，周辺の画素信号で置

き換えることで,出力信号は傷欠陥のない信号になる。隣接画素で補間する方式は,テレビジョンの画像が垂直,水平に相関を持っていることが多いという特徴を利用したものである。

図 6.7 は,水平方向の隣接画素で補間するような回路方式の一例である。図 6.8 の波形図を用いて説明しよう。1 画素遅延,2 画素遅延信号を作り,傷欠陥画素 I_0 信号を前後の画素信号 I_{+1} と I_{-1} の加算平均を取って $(I_{+1}+I_{-1})/2$ で置き換えるものである。ここでは,水平方向の画素で補間したが,垂直方向の画素も使って周辺 4 画素で補間するとより効果的である。垂直方向の前後の画素信号を I_{V+1}, I_{V-1}, 水平方向の前後の画素信号を I_{H+1}, I_{H-1} とするとこれらの加算平均をとって $(I_{V+1}+I_{V-1}+I_{H+1}+I_{H-1})/4$ で欠陥画素信号を置き換える。これらの演算はアナログ回路で行うことはなかなかたいへんであるが,最近のカメラのように 1 フィールドメモリを用いて数々の画像処理などを行う,ディジタル回路では比較的容易に実施できる。

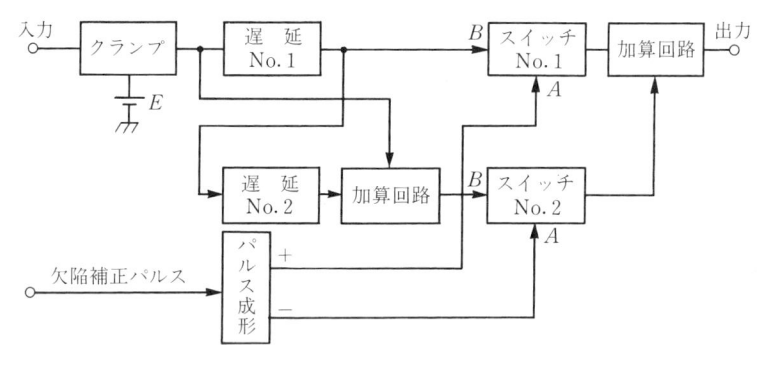

図 6.7 画素補間方式傷欠陥補正回路

アナログ処理ではスイッチングノイズが問題となったが,ディジタル処理では,この種のノイズ混入は無視できる。また,補間信号も 5.3.6 項のようなデモザイキング手法を使うことにより,精度の高い補間ができる。

以上,基本原理の説明として傷欠陥が 1 画素だけの場合を説明してきたが,実際には連続して 2～3 点の傷欠陥が発生することもあり,このような場合にはもう少し複雑な処理が必要になる。

6.3 傷欠陥補正回路

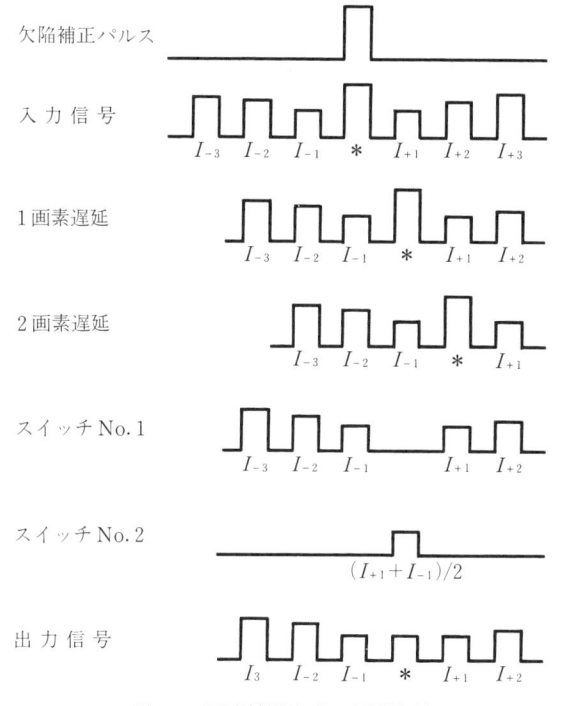

図6.8 画素補間方式の信号波形

また，カラー用CCDでは色フィルタが配列されているから，傷欠陥の補正も同色の画素で補間しなくてはならない。この場合には必ずしも隣接といえず，離れた画素信号からの補間となり都合が悪い。

さらに，一般的には，検査に手間がかかり，記憶回路や補正回路が必要な上，本来必要でない回路を付加しなければならない。小型軽量に反し，コストアップになることからできれば使いたくない回路で，CCDの歩留まり向上とともに使用しなくなる例が多い。

なお，傷欠陥には光電感度を有する白点キズがある。このような傷欠陥の場合は温度依存性のある傷成分だけを除去することにより補正できる。温度検出器を別に設けておき，欠陥補正パルスが入力されたときの温度検出器からの温度に応じた補正信号を白点傷より除去すると，本来の信号成分が得られる。

最近は，ディジタル回路が主流となり，従来，難しかった各種のディジタルフィルタが利用できるようになってきた．白傷，黒傷は普通の信号レベル，白部分より大きく，黒部分より小さくなる場合が多い．したがって，信号の中域部分を通過させるメディアンフィルタを通すと，信号は影響を受けずに，白傷，黒傷だけを除去することができる．

6.4 映像信号処理回路

カメラの信号処理回路は，現在ではほとんどがディジタル回路で構成されている．しかも1チップのLSIでできているので，一般のユーザは新たな機能を追加するにはASICなどで回路を追加しなければならない場合が多い．ビデオカメラに使用される信号処理回路の流れを図6.9に示す．各ブロックはそれぞれレジスタで設定条件を動かすことができ，リニアマトリックスや輪郭補正なども何種類かの特性が用意されていて，目的に応じて最適値を選択することができるようになっている場合が多い．

カラー信号では振幅，DCレベル，トラッキング（RGBの特性がそろうこと），周波数・位相特性，SN比，温度安定性などが重要である．

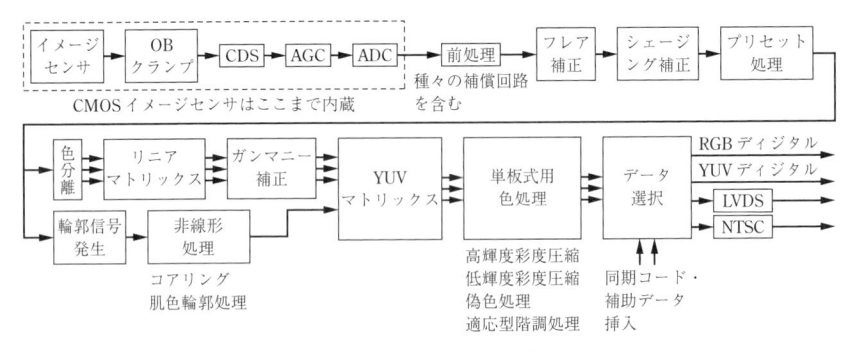

図6.9 信号処理回路の流れ

6.4.1 輪郭補正回路

映像信号の輪郭を強調することにより，画像全体の鮮明感が著しく向上される．図 6.10 は輪郭補正の回路構成，図 6.11 は原理を示したものである．

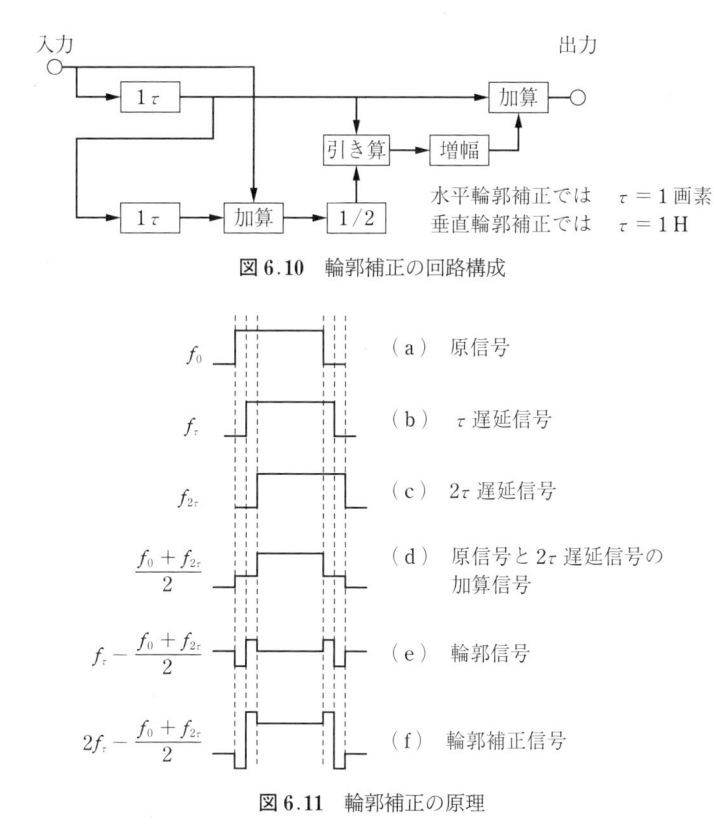

水平輪郭補正では　$\tau = 1$ 画素
垂直輪郭補正では　$\tau = 1\,\mathrm{H}$

図 6.10　輪郭補正の回路構成

(a) 原信号 f_0
(b) τ 遅延信号 f_τ
(c) 2τ 遅延信号 $f_{2\tau}$
(d) 原信号と 2τ 遅延信号の加算信号 $\dfrac{f_0 + f_{2\tau}}{2}$
(e) 輪郭信号 $f_\tau - \dfrac{f_0 + f_{2\tau}}{2}$
(f) 輪郭補正信号 $2f_\tau - \dfrac{f_0 + f_{2\tau}}{2}$

図 6.11　輪郭補正の原理

原信号 f_0，τ 遅延信号 f_τ，2τ 遅延信号 $f_{2\tau}$ を作り，この 3 信号から演算により輪郭信号 $f_\tau - (f_0 + f_{2\tau})/2$ を作る．τ 遅延信号 f_τ に輪郭信号を加算すると図 6.11 のような輪郭強調の付加された信号が得られる．

遅延時間 τ を 1 画素に選べば輪郭信号の幅が最も狭くなる．もう少し太い輪郭がほしい場合には τ を 2τ に設定したり，τ と 2τ の両方の輪郭を付加したり，さらに，重み付け加算をすることもできる．

τ を画素単位に選べば水平輪郭，τ をライン時間，1 H に選べば垂直輪郭が

作れる。

また，$(f_0+f_{2\tau})/2$ は 2 画素加算して平均化したものであるから LPF である。したがって，上式で得られた輪郭強調成分は BPF 特性で表すことができる。この中心周波数が $1/2\tau$ である。

40 万画素 CMOS カメラで遅延量 $\tau=100\,\text{ns}$ に選ぶと，ブースト周波数，ピークの周波数は $1/2\tau=5\,\text{MHz}$ になる[6]。

なお，ディジタル信号処理ではラプラシアンで 2 次元処理が行え，垂直，水平両方向の輪郭補正を均等に行うことができる。

また，インタレースをしている信号では垂直方向の輪郭補正が 2 ライン処理になってしまい，細い輪郭をつけることが難しい。プログレシブに直して輪郭をつけるなどの工夫が必要になる。

輪郭信号は不自然にならないようにわずかに加える必要があるので，輪郭信号の利得調整ができるようになっている。また，画像のエッジが強調されるので，極端に大きな信号が加算されることのないようにピーククリップ，小信号の輪郭を抑えるクリスプニングまたはコアリングを行い，過度な補正でノイズが強調されたり，画像が不自然になるのを防止している。

6.4.2　クランプ回路

映像信号は波形を正確に伝送しなければならない。したがって，周波数特性，位相特性が優れた増幅回路が必要になる。直流に近い低周波成分から高周波成分まで扱える広帯域増幅器が必要であり，最近は直流成分をなるべく通すことにしている。しかし，適宜，コンデンサで結合する場合もあり，このためには直流成分を必要に応じて再生しなければならない。画像の垂直周波数は 60 Hz であるから，低周波成分が通らないと垂直方向にサグが生じ画質が劣化してしまう。

クランプ回路は，映像信号が周期性を持っていることを利用して直流成分の再生を行い，低周波ノイズを除去するものである。通常，映像信号は水平ブランキング期間の同期パルスの後に数 μs の幅が図 6.12（a）に示すように，

(a) 映像信号の水平ブランキング期間

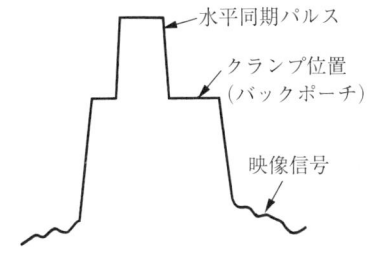

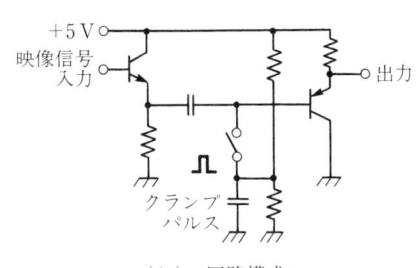

(b) 回路構成

図 6.12 クランプ回路

映像の内容に左右されずにつねに一定に保たれていることを利用して，この位置をつねに一定直流値にクランプする．図（b）は実際のクランプ回路で，水平同期パルスと同じ繰返し周期で，幅がこれよりやや狭いクランプパルスが入るたびにスイッチがオンとなり，一定の直流値 V_c にクランプされ，コンデンサにチャージされる．スイッチがオフになると放電するが，水平期間はこの値が保持されるように高インピーダンスにして，時定数を十分長く保つようにする．

6.4.3 ガンマ補正回路

表示の際の CRT（cathode ray tube；受像管，いわゆるブラウン管）のガンマ特性が 2.2 であるために，あらかじめ撮像側で補正し，再生画面が正しい階調特性になるようにしている．これは当初，受像機を普及するためには，なるべく安く作らなければならない，そのためには回路もできる限り削減したい，そのために放送局のカメラ側にガンマ補正を入れることにした．表示デバイスも LCD や PLD など FPD になると，ガンマ 1 で表示できるが，放送に合わせて 2.2 に変換して表示している．

この補正を行うのがガンマ補正回路である．$1/2.2 ≒ 0.45$ であるから，この値になるように補正を行う．厳密にこの値を選ぶことは難しいが，普通はダイオード特性を利用する．図 6.13 のように複数のダイオードを並列に接続し，それぞれのバイアス電圧を変えておく．入力信号の振幅値に応じてダイオード

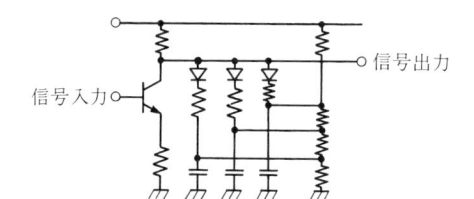

図 6.13　ガンマ補正回路

が順次オンになり，負荷抵抗が変化し，出力信号の振幅が曲がってくる。折れ線近似であるが，ダイオード特性も曲線であるから実用上問題ない程度に近似ができる。

ガンマ値を 0.45 に設定すると，黒レベル近傍の立上りが急峻になりすぎ，この部分の SN 比低下が大きくなる。家庭用の単板式カメラでは黒レベルをクリップしたり，本当の黒付近を逆に圧縮するなどして過度の SN 比低下を避けることが行われる。

ディジタル信号の場合はガンマ特性を

$$y = x^{0.45} = f(x) = A_n x + b_m$$

で近似し，この演算式をハードウェアで直接構成する方式と，この数式であらかじめ演算した結果をテーブルにしてメモリに記録しておき，入力データを置き換える方式とがある。テーブルの場合は所望の特性をある程度用意しておき，ユーザが必要に応じて選択できるようにしている例が多い。

6.4.4　ニースロープ回路，ホワイトクリップ回路

自然界の光学情報はダイナミックレンジが著しく大きく，撮像デバイスである程度制限されるが，全範囲にわたって信号を飽和することなく伝送することは不可能である。そこで，過度の大きな入力信号に対しては信号振幅を制限することが必要である。途中で回路が飽和する，A-D 変換で破綻を来すことになるからである。

ガンマ補正回路では 0.45 程度のなだらかな特性であったが，これより急峻にカットする。ガンマ補正回路では，図 6.13 のようにダイオードに直列に抵抗を入れていたが，この抵抗の値を小さくして急峻にしたのがニースロープ特

性で，抵抗をはずしてダイオードのオン抵抗までインピーダンスを下げてカットすると，ホワイトクリップになる。

放送局用のカメラでは図 6.14 のような特性でガンマ特性，ニースロープ特性，ホワイトクリップ特性を規定している。入力 100％まではガンマ特性，これを越えるとニースロープで出力信号を 110％までに抑え，300％で完全にクリップしている。

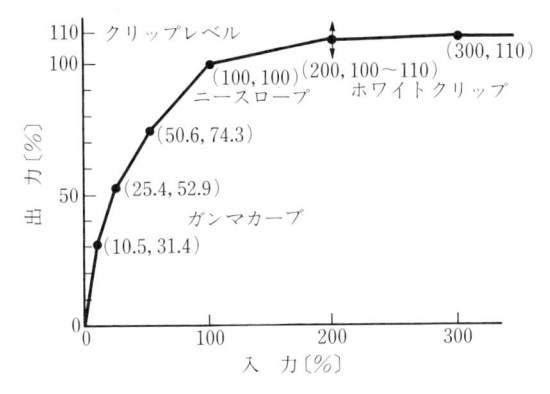

図 6.14 実際のカメラの振幅特性

6.4.5 リニアマトリックス回路

RGB の色信号の特性は色フィルタの特性に依存するところが大きいが，その結果は理想撮像特性の RGB 信号とは必ずしも一致しない。さらに，ディスプレイで再現したときに好ましい色再現にならないことが多い。そこで，カメラで要求される RGB 特性を作り出すためにリニアマトリックス回路が用いられる。ここでは，ホワイトバランスを保ちながら色補正を行う。基本的には入力信号 R_{IN}，G_{IN}，B_{IN} に対して 3×3 の係数をかけて出力信号 R_{OUT}，G_{OUT}，B_{OUT} を得る。なお，各信号はガンマ補正のかかる前の，名前の通り，リニア信号であることが必要である。非直線回路を経た信号の場合は，非直線補正を施してリニアに直してから行う。

リニアマトリックスは信号の演算を行うことになるので，一般的に色信号の

SN比が低下する。したがって，演算は必要最小限に抑えるのが普通である。

$$\begin{pmatrix} R_{OUT} \\ G_{OUT} \\ B_{OUT} \end{pmatrix} = \begin{pmatrix} a & b & c \\ d & e & f \\ g & h & i \end{pmatrix} \begin{pmatrix} R_{IN} \\ G_{IN} \\ B_{IN} \end{pmatrix}$$

$a+b+c=1$

$d+e+f=1$

$g+h+i=1$

前にも述べたように，NTSC方式の理想撮像特性に近似しても必ずしも好ましい色再現が得られない。ディスプレイも各種デバイスがあり，プリントアウトするなどカメラ出力は多方面に使われるので，a から i の係数は一義的には決められず，カメラの目的に応じて各メーカのノウハウによるところが大きい。

各色を補正するためのマスキング補正では次式が用いられることもある[7]。

$$R_{OUT} = R_{IN} + M_1(R_{IN} - G_{IN}) + M_2(R_{IN} - B_{IN})$$

$$G_{OUT} = G_{IN} + M_3(G_{IN} - R_{IN}) + M_4(G_{IN} - B_{IN})$$

$$B_{OUT} = G_{IN} + M_5(B_{IN} - R_{IN}) + M_6(B_{IN} - G_{IN})$$

ただし，$M_1 \sim M_6$：マスキング係数である。

上式ではR，G，B 3色についての補正であったが，M，Y，Cを加えた6色について彩度と色相を独立して補正できるようにしたものもある。Rの彩度を補正するためには

$$R_{OUT} = R_{IN} + K_1 \times R_{IN}$$

つぎに色相を変えるために

$$B_{OUT} = B_{IN} + K_2 \times R_{IN}$$

$$G_{OUT} = G_{IN} + K_2 \times R_{IN}$$

以下同様に，G，Bについても行う。M，Y，Cはそれぞれ

$$M = R + B, \quad Y = R + G, \quad C = G + B$$

であるから，例えば，Mの彩度補正をするためには

$$M_{OUT} = M_{IN} + K_7(R_{IN} + B_{IN})$$

色相は

$$B_{OUT} = B_{IN} + K_8(R_{IN} + B_{IN})$$
$$R_{OUT} = R_{IN} - K_2(R_{IN} + B)_{IN}$$

とする。C，Y についても同様に補正する。

6.4.6 肌 色 補 正

　人間の眼は肌色に関して敏感であり，肌色の色再現が重視される。リニアマトリックスやマスキングでは R，G，B，M，Y，C の基本的な色の補正が行われるが，これだけでは十分でなく，肌色を抽出して肌色の輝度，彩度，色相の補正を行うものである。

　これには肌色検出が必要になる。これには数多くの手法があるが，例えば，図 6.15 のように，色度図上から肌色の中心の角度 θ と色飽和度 r を求め，角度 $\pm\beta$ と飽和度 $\pm s$ の領域を定めて，この範囲に入れば肌色と検出する[8]。実際には図の領域について $(R-Y)$ と $-(B-Y)$ のテーブルを作っておき，信号がこの範囲内に入ったときに肌色と判断する。補正は基本的にリニアマトリックスやマスキングで用いた手法と同様に行う。

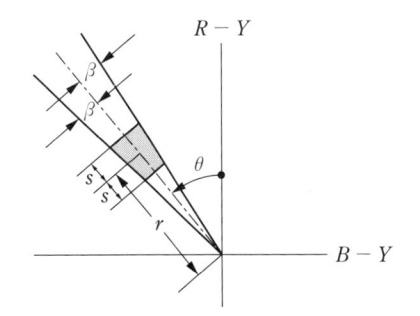

図 6.15 肌色の領域の一例

　また，肌色の再現は色だけでなく，質感も重視される。そこで，肌色が検出された場合には輪郭補正を弱めて，しわや荒れが強調されないようにし，滑らかな肌が再現されるような工夫もされている。

6.4.7 シェージング補正

撮像デバイスからの信号はレンズの周辺光量不足や，センサのマイクロレンズなどの影響で周辺部分のレベルが低下する。このままでカラー信号を組み立てると周辺が暗くなるとともに，カラー方式によっては色シェージングとなり，画質をはなはだしく低下させる。

そこで，回路上でシェージング補正が行われる。アナログ処理ではシェージング補正の波形を作って信号に加算，あるいは変調する方法が採られ，回路規模が大きくなり，精度のよい補正が困難であった。しかし，ディジタル処理になり，精度は格段に向上されるようになった。

シェージングはなだらかな変化なので，画面を縦横数十個の領域に分割し，ブロックごとにレベルを検出，メモリに記憶させておく。このデータを下に補正データを出力して，信号に加算する。

また，光量依存性のある変調シェージングは補正データに基づき乗算器で補正を行う。

6.4.8 フレア補正

結像面には本来の光学像のほかに，イメージセンサの表面反射や撮像レンズのレンズ面，鏡筒からの反射などが多重反射されて，さまざまな光が結像面に到達する恐れがある。これらはフレアとなって画像の黒レベルを浮き上がらせる原因となる。

フレア量は図 6.16 のように，全面白の中央部分に縦横有効サイズの 1/7 の

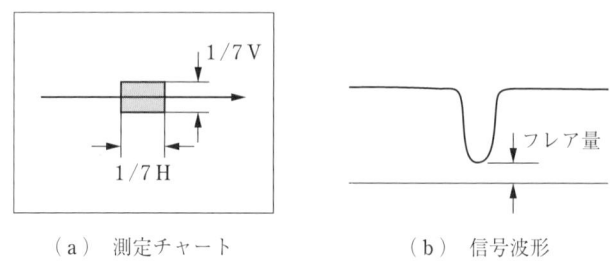

（a）測定チャート　　　（b）信号波形

図 6.16　フレア量の測定

大きさの黒領域を設けたチャートを用いて，黒レベルの浮き上がりを測定し，このレベルを信号から引き去る回路を設ける．

6.4.9　AGC

AGC（automatic gain control）は，カメラの利得制御を自動的に行う電子回路でカメラの標準値 0 dB からどこまで，電子回路で増幅させるかを設定する．通常，6～12 dB 程度に設定される．

カメラの出力信号の映像信号部分は 100 IRE＝0.714 mV である．被写体が暗くなると，まず AE（automatic erasure）でレンズ絞り値とセンサの電子シャッタ制御が行われて，センサ出力が規定値になるようにする．しかし，レンズ絞りが開放に近づき，電子シャッタが 1/30 s 近くになると，信号出力をこれ以上大きくできなくなる．

どのレベルで AE から AGC に切り替えるかは，カメラの設計思想によるので，一概にはいえない．

電子回路で小さい信号を増幅するとノイズも増加するから，AGC を動作させると SN 比が低下する．したがって，最終の画質をどのように得たいかによって，最大値の設定が決定される．デジタルカメラでは画像の SN 比が極端に低下しては困るので，6～12 dB 程度に設定し，あまり大きな値には設定しない．

業務用でとにかく被写体が写ればよい，見えないよりは SN 比が悪くても見えればよいという場合には 18～24 dB に設定することもある．

6.4.10　出　力　回　路

カメラの出力信号は従来では NTSC 信号がほとんどであった．しかし，ディジタル機器が多くなり，ディジタル信号出力が必要になってきた．

〔1〕**YUV**　ディジタル出力の場合は，信号は YUV の3信号で取り出す場合が多い．

RGB 信号から YUV に変換するマトリックスは次ページの式となる．

$$\begin{pmatrix} Y \\ U \\ V \end{pmatrix} = \begin{pmatrix} 0.299 & 0.587 & 0.144 \\ -0.169 & -0.331 & 0.500 \\ 0.500 & -0.419 & -0.081 \end{pmatrix} \begin{pmatrix} R_{IN} \\ G_{IN} \\ B_{IN} \end{pmatrix}$$

ITU-R BT.601 で規格化された信号から YUV 信号が作られているので，Y は 16〜235 に量子化され，UV は 16〜240 で量子化される。

〔2〕 **LVDS** 低電圧の差動信号処理で，ディジタル信号を多重して出力するために用いられることが多い。最高 2 Gbps の高速信号伝送を実現，低電圧低消費電力で，信号振幅は 350 mV 程度にしている。ノイズ発生が少なく，外来ノイズに対しても強い。LVDS (low voltage differential signaling) ラインドライバとレシーバが LSI 化されていて，データ信号とクロックを多重化して 1 対の信号線で RGB 各 6〜10 ビットのデータ伝送が可能である。

6.5 単板式に特有な回路

家庭用に用いられている単板式のカラーカメラでは，色信号を輝度信号に多重して取り出しているので，これに伴う弊害も生じる。これらは長年にわたる画質改善の努力の結果，カメラ特有な電子回路がつぎつぎに採用され，著しく画質の向上，改善が行われた。これらのいくつかを紹介しよう。

6.5.1 垂直偽色信号抑圧回路

色フィルタが市松状に配列された色フィルタアレイを用いると，垂直方向に被写体の変化があると偽色信号が発生しやすい。

これを補正するために，輝度信号の垂直方向の変化を検出し急峻な変化があったときに色信号のレベルを抑え，色成分を減少させる。これにより，偽色信号成分も減少するので，全体に不自然な着色現象が抑圧される。図 **6.17** に示すように輝度信号を 1 H 遅延線で遅らせた後，引き算して垂直方向の相関をとる。この出力信号で色信号を変調する。

6.5 単板式に特有な回路   *151*

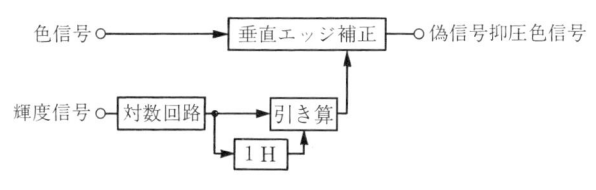

```
色信号 ○─────────→┌─────────┐           ┌─────────┐
                  │垂直エッジ補正│─○偽信号抑圧色信号
                  └─────────┘
                       ↑
輝度信号 ○──┌─────┐──→┌─────┐
            │対数回路│  │引き算│
            └─────┘  └─────┘
                ↓       ↑
              ┌───┐
              │1 H│
              └───┘
```

図 6.17 垂直偽色信号抑圧回路

すなわち相関が小さく，変化が大きいときは色信号を小さく抑圧し，相関が大きく，変化が小さいときは抑圧せず，そのままの出力とする。色信号成分そのものを小さく抑え込む場合と，この制御信号をクロマ信号に加えて，クロマ信号成分を抑圧する場合がある。

6.5.2 トラッキング補正回路

CCD 出力が $\gamma=1$ で直線的に変化すれば問題はないが，少しでも傾斜があるとベースバンド成分と変調色信号成分のバランスが崩れてしまい，ホワイトバランスがとれなくなる。変調色信号が一定な場合に，ベースバンド信号の大小によって変調色成分が変化するようだと色が変わってしまうからである。

これを防止するには，変調色信号をベースバンド信号のレベルに応じて変化させればよい。図 6.18 のように輝度信号レベルに応じて補正波形を作り，この波形で色信号の利得を制御する。補正信号は R，B の 2 色信号に加えるが，トラッキング状態を見ながら係数を選んで，ホワイトバランスのとれる範囲を拡大している。

トラッキングの調整には無彩色のグレースケールチャートを撮影してどの階調でも色がつかないように RGB 信号をそろえる。

補色タイプは色信号が輝度信号に多重されているので，明るいシーンでは多重信号の振幅が伸びなくなり，トラッキングも合わせにくい。これに対して，ベイヤー方式などの原色タイプは色が空間的に独立しているので（単色なので）トラッキングを合わせやすい。

152   6. 信号処理技術

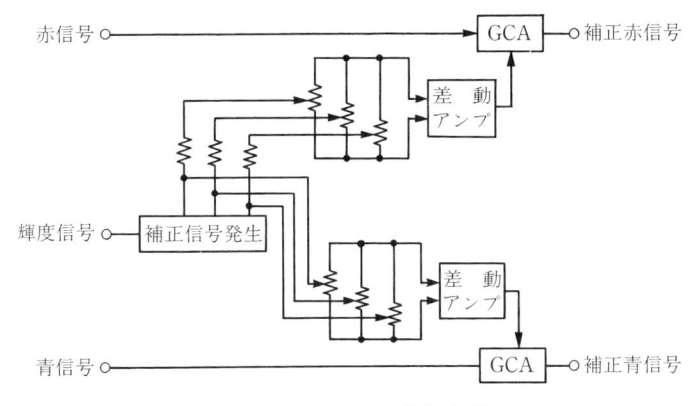

図 6.18 トラッキング補正回路

6.5.3 高輝度着色防止回路

画像の中に高輝度のヘッドライトなどが入ると，ここで信号が飽和してしまい，多重されている変調色成分が小さくなり，色バランスが崩れ着色現象が現れることがある。これを防止するために，高輝度信号に対してクロマ信号を抑圧して色成分をカットする。図 6.19 に示すように，輝度信号から高輝度成分を抽出し，制御信号を作り，$R-Y$，$B-Y$ の色差信号の利得を制御するものである。

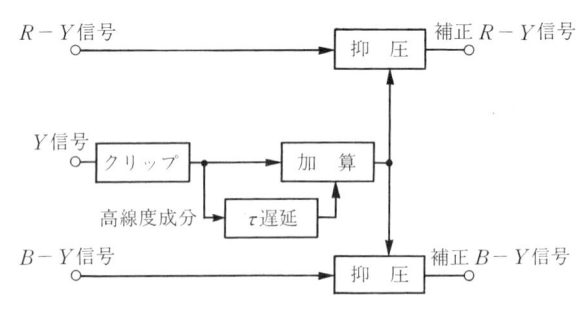

図 6.19 高輝度着色防止回路

6.5.4 低彩度圧縮回路

　色信号の検波特性に起因する低彩度時点のレベル低下を補正するとともに，色ノイズ抑圧のために用いられる。無彩色に近い被写体では色信号が小さく，ホワイトバランスのわずかなずれも気になるものである。これを防ぐために，飽和度の低い色信号をクリップする。しかし，この回路はあまり利かせ過ぎると，低照度時の色つきが悪くなるなどの欠点となる。ノイズが多少大きくても色が付いている方がよいか，ノイズが大きいなら色を切った方がよいのか意見の分かれるところでもある。

6.5.5 オフセット調整

　ベイヤー方式の色フィルタアレイはGが市松状に配置され，残りの部分にRとBが市松状に配置される。したがって，本来，G成分はどこでも同一の特性を示すはずである。ところが，Rの隣のG成分とBの隣のG成分とで信号出力が同一にならず，若干の相違が生じる。この原因はいろいろと考察されているが，RとBとの工程の差や透過率の差が考えられている。

　RとBとは垂直方向に交互に配置されているから，ラインごとにG信号の大きさが変わり画面上では横縞となって現れ，著しく画質を損なうことになる。そこでGR信号とGB信号とでオフセット調整処理が必要になる。

　Rの横のG成分をG_R，Bの横のG成分をG_Bとすると両成分の差は直流成分がほとんどであるから，両者のオフセットレベルを合わせることにより，同一信号に直して横縞成分を除去している。

　この補正値は色フィルタに起因しているので，ロットごとにも変化し，また，同一ロットでもウェーハの中心部と周辺部とでも特性が変ってくる。したがって，カメラごとに微調整する必要がある。

6.6 画質改善

最近のディジタル画像処理技術の進歩により，画像認識，画像処理の分野で新たな展開が行われている。

従来の，アナログ的手法では輪郭強調や，逆光補正を行う目的で，特定の信号を強調すると，これに応じてノイズも増加されてしまうため，目的は達成されても全体にノイジーな画像となってしまい，総合評価としては画質が改善された効果が顕著に現れないという状況が多かった。したがって，カメラの高画質化に当たっては撮像デバイスから得られる信号出力の SN 比が重要であった。すなわち，SN 比がある程度以上でないと，高画質化処理を加えても効果が上がらない。

ディジタル処理を行うことによって，フーリエ変換に基づく周波数領域での画像処理がたやすく行えるようになってきた。さらに，周波数領域で扱うことによって，いろいろな手法のフィルタリングが行える。その上に数学の関数を用いてディジタル処理を行う。

このような分野にいち早く参入して，デジタルカメラや監視用カメラの画質改善に取り組んできた企業に英国の Apical Limited がある[9]。信号の圧縮・記録の際に失われていた白部分，黒部分の信号を適切なコントラスト補正をすることにより改善する。また，表示装置のコントラスト範囲を超えたような信号が入力されないように，あらかじめ，コントラスト補正をすることができる。

また，図 6.20 に示した Retinex 理論[10] に基づき，入力画像を照明光成分と

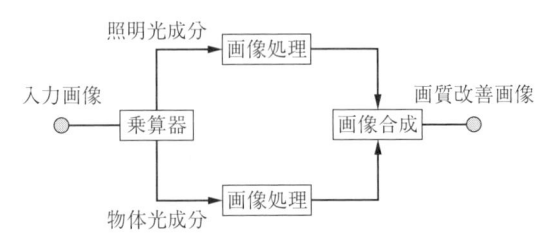

図 6.20 Retinex の原理

6.6 画質改善

物体光成分に分け，別々に処理を加えた上で合成することにより，所望の特性が改善された高画質画像が得られる[11]。この原理は 1970 年代に提案されたが，ディジタル画像処理の進歩により，1990 年代に米国 NASA で活発な研究開発が行われ，2000 年代になって，ディジタル処理の高速化と高集積化が可能になったことで，民生分野にも使われるようになった。

入力画像の分離には乗算器が目的に応じて用いられ，画像処理には ε フィルタなどの各種ディジタルフィルタや関数が用いられ，高度な演算処理が行われる[12),13]。

例えば，図 6.21 のように，分離後に一方をレベル圧縮，一方をレベル伸長することにより，入力画像のコントラストを最適化できる。

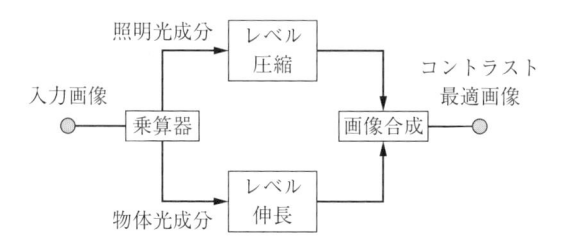

図 6.21　適応型コントラスト伸長（ACE）

また，入力画像を乗算器でテクスチャ生成子と骨格画像に分離して図 6.22 に示すような補間拡大処理を加えると，① エッジ周辺にリンギング発生がない，② サンプルホールドぼけがない，③ エッジのジャギーが抑制，などの特徴がある高画質の拡大画像が得られる[14]。

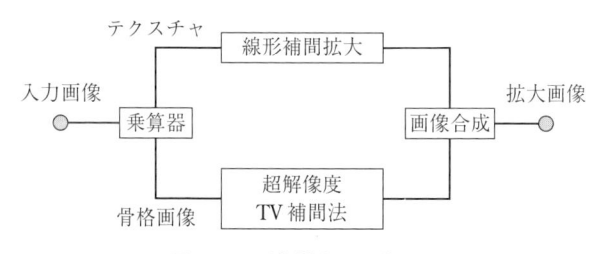

図 6.22　画像拡大への応用[14]

一方，画像処理技術を駆使して，レンズのぼけを電気的に補正する技術なども実用化に向けて開発されている[15]。

談　話　室

マイクロカメラ誕生余話　　井上靖の著書に「他人の目」というのがある。見たいところへ眼を！カメラの究極の目的はそこだ。1980年当時，カメラといえば箱型の筐体に収めたものが当たり前。撮像管からCCDになったのに，カメラの大きさは変わらない，だれも手がけたことのないものに挑戦するのは得意な性格。早速，under the table で進めてしまった。つぎつぎに新しい発想，使い方のアイデアが生まれた。こんなにすばらしいといっても研究所長には拒否された。

　技術部門の成果を社内にPRする成果発表会。ここでOさんが，「口の中にも入って，こんなによく見えます」。見学に来た社長の前で実演して見せた。社長は「これはすごい，商品化すべき」と言っていただいた。この一言でマイクロカメラの製品化が決まった。

7 カラーカメラの実際

7.1 カラーカメラの推移

　カラーカメラは当初，放送局用を目的として研究開発されてきた．しかし，ビデオカメラが家庭用には必須になるとみて，1970年代から各メーカが研究開発に取り組んできた．その結果，CCDやCMOSセンサなどの研究開発と合わせて，ビデオカメラ（カメラ一体型VTR），デジタルカメラ，携帯電話と形を変えてカメラ技術は急速に進歩を遂げてきた．

　図7.1，表7.1は，家庭用ビデオカメラ，デジタルカメラの生産数量・生産高の推移を年代順にまとめたものである[1]．ビデオカメラは1982年に100万台を突破し，1991年には1 177万台と驚異的な伸びを示した．その後はやや減少したが，2003年からは1千万台を越える数量となっている．しかし，金額

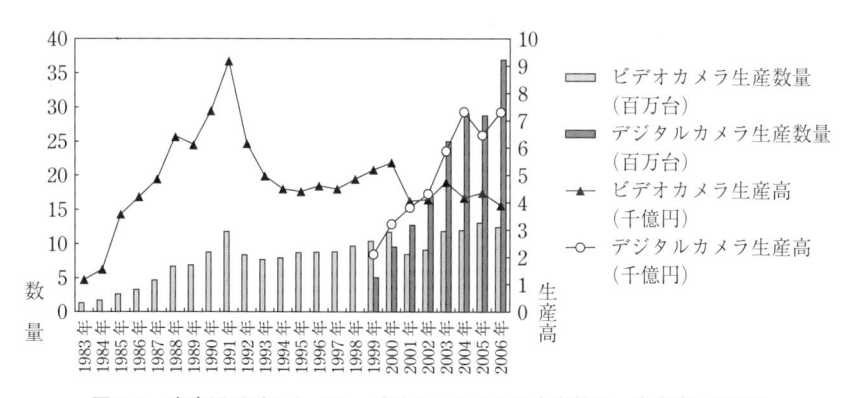

図7.1 家庭用ビデオカメラ，デジタルカメラの生産数量・生産高の推移[1]

7. カラーカメラの実際

表7.1 カメラ関連生産高

	ビデオカメラ生産数量（百万台）	デジタルカメラ生産数量（百万台）	ビデオカメラ生産高（千億円）	デジタルカメラ生産高（千億円）
1983年	1.202		1.15	
1984年	1.571		1.55	
1985年	2.574		3.54	
1986年	3.258		4.17	
1987年	4.609		4.83	
1988年	6.682		6.45	
1989年	6.935		6.15	
1990年	8.803		7.36	
1991年	11.774		9.23	
1992年	8.383		6.14	
1993年	7.751		4.98	
1994年	7.997		4.50	
1995年	8.658		4.43	
1996年	8.830		4.62	
1997年	8.898		4.55	
1998年	9.684		4.89	
1999年	10.456	5.057	5.25	2.14
2000年	11.706	9.615	5.49	3.27
2001年	8.522	12.765	4.10	3.87
2002年	8.993	16.916	4.15	4.36
2003年	11.88	25.080	4.76	5.91
2004年	11.957	29.200	4.18	7.36
2005年	13.076	28.876	4.39	6.50
2006年	12.524	37.150	3.92	7.31

ベースでは，コスト低下により1991年の9千億円をピークに減少している。

一方，統計を取り始めた1999年からデジタルカメラは急速に伸び始め，2001年には生産台数で，2002年には生産金額でビデオカメラを追い越し，その後は台数，金額ともにビデオカメラの2～3倍の生産高となっている。

さらに，2000年11月，携帯電話に初めてカメラが搭載されると急速に搭載率が上がり，2006年には携帯電話は90％以上がカメラ付きになっている。生産高も，2006年には4800万台，1兆7千億円の規模にまで増大した[2]。世界的規模では2006年で7億台を超え，カメラ搭載率は70％以上といわれる[3]。一方，カメラモジュールとしての輸出も急増し，2006年には1社で1億台を超える規模になっている。

7.1 カラーカメラの推移

なお，図7.2は民生用電子機器の国内生産実績を示したもので，デジタルカメラとビデオカメラでほぼ半数を占めている。これはDVDやCRTテレビは

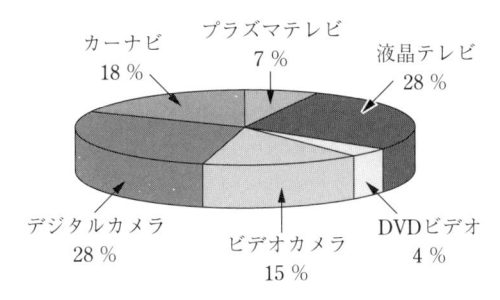

カーナビ 18％
プラズマテレビ 7％
液晶テレビ 28％
デジタルカメラ 28％
ビデオカメラ 15％
DVDビデオ 4％

図7.2 民生用電子機器の国内生産実績[1]（2006年）

表7.2 デジタルカメラ・ビデオカメラ・携帯電話の仕様の一例

項　目		デジタルカメラ（キヤノン）EOS-1 Ds	ビデオカメラ（ソニー）SR 7	携帯電話（東芝）W 54 T
イメージセンサ	画素数	2 110万画素	228万画素	324万画素
	種類	CMOS	CMOS	CMOS
	サイズ（インチ）	35 mmフルサイズ		
記録画素数	動画	5 616×37 440		VGA
			標準方式	30 Fps
	静止画（最大）	5 616×37 440	5 M（2 560×1 920）	
撮像レンズ		EOSシリーズ	10倍ズーム	
			f 5.4〜54 mm	
			35 mmカメラ換算	
			40〜400 mm	
			F.1.8〜2.9 mm	
記録メディア		SDメモリカード CFカード	1.8インチ HDD 100 GB	フラッシュメモリ
カメラ機能	画素数		2 848×2 136相当	2 048×1 536
	ズーム機能			12.8倍
ムービー機能	画素数			VGA
	フレームレート			
メモリ容量	内蔵			1 GB
	外部メモリ			Micro SD 2 GB
電池		バッテリパック	インフォリチウム	
外形寸法（W×H×D）mm		156×159.6×79.5	75×81×144	50×111×18.5
ディスプレイ	サイズ（インチ）	3.0	2.7	3.0
	タイプ	TFT液晶	クリアフォト液晶	TFT液晶
消費電力（W）			4.7	
重量（g）		1 210	530	151

海外生産がほとんどであるのに対して,カメラ部門は国内で生産され,雇用増出にも大きく貢献している。

なお,1995年にDVDは初めて金額ベースでVTRの3 808億円を上回り,4 432億円に達している。

最近のビデオカメラ,デジタルカメラ,携帯電話の仕様の一例を**表7.2**に示す。

■ ビデオカメラの推移

家庭用のビデオカメラは**図7.3**のように,1974年東芝からビジコンという撮像管を1本用いた単管式で29万8千円で発売されたのが世界で初めてである[4]。それまでは2管式などの業務用カラーカメラで,80万円程度のものが一部のマニアに使われた程度であった。その後しばらくは撮像管が主流であった。ビジコンからカルニコン,サチコン,ニュービコンなどという光導電膜に改良を加えられた高性能の撮像管が開発され,一般家庭に少しずつ普及されていった。

図7.3 世界初の家庭用ビデオカメラ
（東芝パンフレットより）

しかし,現在のように安心して使えるようになるまでには二つの大きな改革があった。一つは撮像管をCCDなどの固体撮像デバイスに変えた単板式カラーカメラ,そして,もう一つはVTRを小型軽量にして,カラーカメラと一体に形成したカメラ一体型VTRの開発である。

1981年4月になって日立製作所からMOS型撮像デバイスを用いた単板式

7.1 カラーカメラの推移

カラーカメラが初めて製品化された[5]。4色の色フィルタアレイを用いた4線読出し方式で価格は35万円であった。続いて，日本電気から1982年10月にIT-CCDを用いたベイヤー方式で，27万8千円で初めてCCDカメラが発売された。この1年後，1983年10月にソニーからIT-CCDを用いたベイヤー方式で，単板式カメラが22万8千円で発売された。また，この時期になると日立製作所からは，MOS型撮像デバイスを改良し，Y，Cの2色の色フィルタアレイを用いた2線式の単板式カラーカメラが21万8千円で製品化されている。さらに，松下電器は1984年10月にCPD撮像デバイス（charge priming device，CCDとMOS型撮像デバイスの中間的な撮像デバイス）を用い，色差線順次方式の単板式を25万8千円で発売した。これが現在の単板式のほとんどで採用されている色フィルタ配列，色差線順次方式の最初である。続いて，日本電気が1984年12月にIT-CCDを用いて完全色差線順次方式の単板式を19万8千円で発売したが，これ以降は家庭用のビデオカメラはカメラ一体型VTRになっていく[6]。

ポラロイド社が1984年に発売した8ミリビデオは，周波数インタリーブ方式の色フィルタアレイを用いたIT-CCDによる単板式であった。その後，ソニーから1984年10月に492×510画素のIT-CCDを用いた8ミリビデオが29万8千円で，続いて1985年4月には録画専用の普及型8ミリビデオが19万8千円で発売されている。

一方，VHS方式のコンパクトサイズVHS-Cは1985年10月に日本ビクターから24万8千円で発売されている[7]。

さらに，1995年10月に松下電器とソニーからDV方式（6mm幅のテープを用いたディジタル記録）のビデオカメラが製品化された。ビデオカメラは当初，ベータ方式，VHS方式のVTRが搭載されたが，VTR部分が大きすぎ，可搬型にするには障害となったため，次第に小型VTRが採用されるようになり，VHS-C，8ミリ，DV（6ミリディジタル）の3方式が混在されていた。さらに，VHS-Cの中には標準のVHS-CとSVHS-Cがあり，8ミリも標準の8ミリとHi-8があった。

付表2に1980年代，1990年代の代表的ビデオカメラを，付表3に1990年代のデジタルカメラを示す。ビデオカメラの発売当初は20万画素から30万，40万画素へと画素競争，解像度競争が行われたが，その後はオートフォーカス，オートホワイトバランス，手ぶれ補正などの高機能化の競争となった。

ところが，記録機器がVTRからディジタル記録のDVD，高記録密度で小型のHDD，半導体のフラッシュメモリと変貌するのに沿って，ビデオカメラの記録装置もこれらの3方式が用いられるようになっている。

7.2 カメラの機能

カメラに用いられるカラー撮像方式，信号処理技術についてはすでに，5章，6章に述べてきたので，ここでは主として，カメラの機能を中心に説明しよう。ビデオカメラ自体の性能は当初に比べて格段に向上したが，この性能を引き出すためには最適条件で撮影することが必要である。これらは露光，色温度，ピントの3条件が最適であり，それに手ぶれのないことが必要である。さらに情緒のある印象に残る画像を得るためにはズーム機能や陰影，照明条件，明るさ，フェーズイン，フェーズアウトなどの手法を駆使して，画像づくりを行う必要がある。

そこで，カメラに必要な機能について順次説明していこう[8]~[13]。

カメラで撮影条件の最適化に関する主要な機能を列挙すると，**表7.3**のようになる[8]。

ディジタル信号処理が用いられるようになって，これらの検出制御の精度が一段と向上してきた。まず，必要な情報を検出するために画面全体でなく，画面を縦横10×10程度に分割して重点測定を行う。必要な被写体は画面中央付近に置かれるので，中央下部の信号を扱う，人間の顔が目的の場合が多いので，顔認識を行って，顔の明るさ，ピントを検出するなどの手法が実用化された。また，状況によって検出の閾値を変化させたり，制御に不感領域を設けて，制御による過度な画面の変動を避けるなどの配慮もされている。

表7.3 カメラ機能の概要

項目		AI　　AE	AF	AWB	AS
対象		絞り・光量	フォーカス	ホワイトバランス	揺れ補正
目的		イメージセンサに入る光量を最適値にする	ピントを合わせる	色温度を合わせる	手ぶれを防ぐ
検出		イメージセンサ出力信号の振幅	イメージセンサ出力信号の高周波数成分	RGB信号の大きさのバランス	角度センサ画面の揺らぎ
	特殊手法	画面内重み付け顔領域検出	画面内重み付け顔領域検出	高飽和度領域除去	
制御		絞りの大きさ（F値）電子シャッタ速度 AGC	撮像レンズとイメージセンサの相対距離 撮像レンズを移動 イメーシセンサを移動	RGB信号の大きさを変化	光学像の移動 画像の切出し

7.2.1　自　動　露　光

　自動露光（auto exposure）は，撮像デバイスに入る光を最適条件にするための機能で，通常は出力信号の大きさを検出して自動的に露光量を制御するので，AEと呼ばれる．以前は撮像レンズの絞り，アイリスを制御するのでAI（auto iris，自動絞り）ともいわれた．

　撮像デバイスのダイナミックレンジが十分広く，SN比が大きくとれるなら，暗い被写体は暗いまま，明るい被写体は明るいままで撮像すればよりリアルな画像が得られるはずである．しかし，撮像デバイスのダイナミックレンジはせいぜい60 dB程度，SN比も40～50 dB程度なので，この範囲に被写体の光学像が収まることが必要になる．撮影のたびにレンズの絞りを動かし，最適条件に設定すればよいのであるが，撮影時には他の動作も気にしなければならないから，絞りだけにかまっていられない．そこで，図7.4に示すように，撮像デバイス出力信号を検出し，この大きさで撮像レンズの絞り値を動かし，光学像が撮像デバイスのダイナミックレンジの最適範囲に収まるように自動的に制御される．

　普通の被写体ではこの制御で十分な場合が多いが，いくつかの例外条件が発生する．逆光下で人物を撮影しても人物の顔が暗くならず鮮明に撮れる，夜間

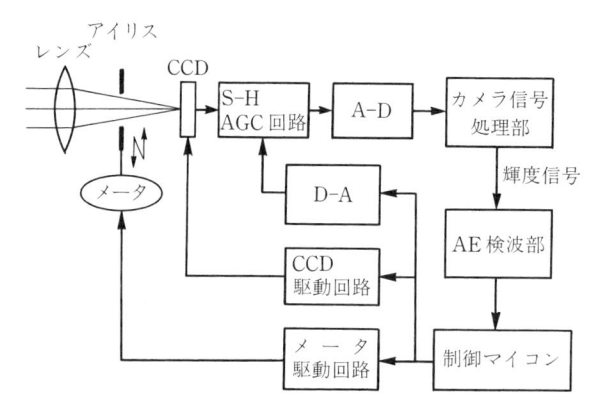

図 7.4　AI 制御の構成

のヘッドライトが入っても車の撮影ができる，などである．このために，単純に画面全体の明るさを積分するような平均測光でなく，細工が必要になる．

　画面を分割して，それぞれの領域で重み付けして積分する，必要な被写体は画面の中央部に置かれることが多いことから，画面の中央部の重み付けを大きくする，輝度のピーク値を除外して積分する，などの手法がとられている．

　一方，これらの手段で得られた検出信号を用いて絞り制御を行う場合，応答が速すぎると，カメラをパンした場合にそのつど明るさが変化して画面の背景が変化して見苦しい画像になる．そのため，応答の時定数を最適化するなどの工夫が施されている．

　なお，撮像デバイスの光量は入射光線の強さと電荷の積分時間の積なので，電子シャッタ動作でも光量制御ができる．電子シャッタ動作を撮像レンズの絞り制御と併用すれば，さらに広範囲の制御が可能となる．また，小型，軽量を追求する簡易型のカメラや，車載などの耐震構造のカメラでは，撮像レンズに絞りを設けずに電子シャッタ動作だけで光量制御を行う場合がある．

7.2.2　オートフォーカス

　オートフォーカス（auto focus，略して AF）は写真機でも長年の課題であり，数々の方式が検討されてきた．ビデオカメラでも当初は超音波や赤外線の

測距方式やリニアセンサを用いた測距方式などの写真機のAF機構が使われていた．しかし，最近では撮像デバイスという高性能なセンサを持っているので，この出力信号を用い，インテリジェントな処理を加えて精度よくAFを行う映像信号検出方式が採用されている．図7.5はこれらのAF方式を分類して示したものである．

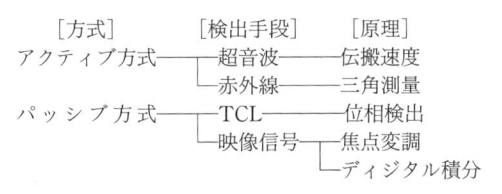

```
        [方式]        [検出手段]   [原理]
    アクティブ方式 ─┬─ 超音波 ───── 伝搬速度
                  └─ 赤外線 ───── 三角測量
    パッシブ方式 ─┬─ TCL ──────── 位相検出
                  └─ 映像信号 ─┬─ 焦点変調
                              └─ ディジタル積分
```

図7.5　ビデオカメラのAF方式

アクティブ方式は，超音波や赤外線の発生デバイスと専用のセンサが必要である．したがって，もともとセンサを持っていない写真機の場合には有効な手段であった．また，暗いシーンでも確実に検出できるというメリットもある．超音波では，被写体に当たって反射してセンサに戻ってくるまでの伝搬速度で距離を測定する．また，赤外線方式では赤外線センサを横に並べて三角測定の原理で検出する方式である．

パッシブ方式の中ではハネウェル社の特許に基づくTCL（through the camera lens）方式[14]が写真機を始め，数多く用いられてきた．図7.6はこの方式の原理を示したものである．

映像信号から検出する方法は，ピントが合った状態で映像信号の高周波成分

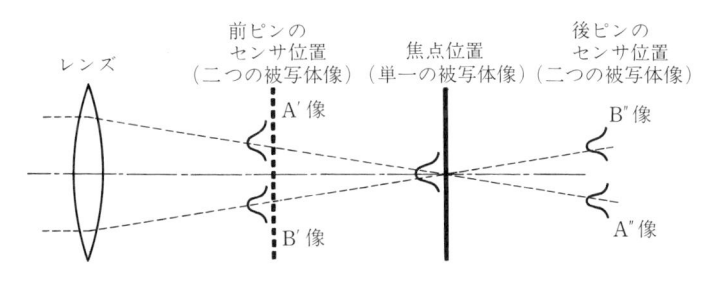

図7.6　TCL方式AF（TCL方式の検出原理）

166   7. カラーカメラの実際

が最も大きくなるという特徴を利用するものである。合焦位置で最大振幅になり，前ピンでも後ピンでも振幅が小さくなる。この関係を図7.7に示す。山の頂点を極めることになるので，山登りサーボといわれる[15]。実際には図7.8のようにマイコンを使ったディジタル制御が行われている。高周波成分を1フィールド期間積分し，この値が最も大きくなるようにレンズを移動させるモータを制御するものである。原理上は簡単であるが，実際にはピントが合っているとき，山の頂上にいるときでもどちらかに振ってみて，信号が最も小さいことを確認しないと本当にピントが合っているかどうかわからない。山の高さ，振幅の最大値が被写体の種類によって大きく変わり，絶対値が設定できない。被

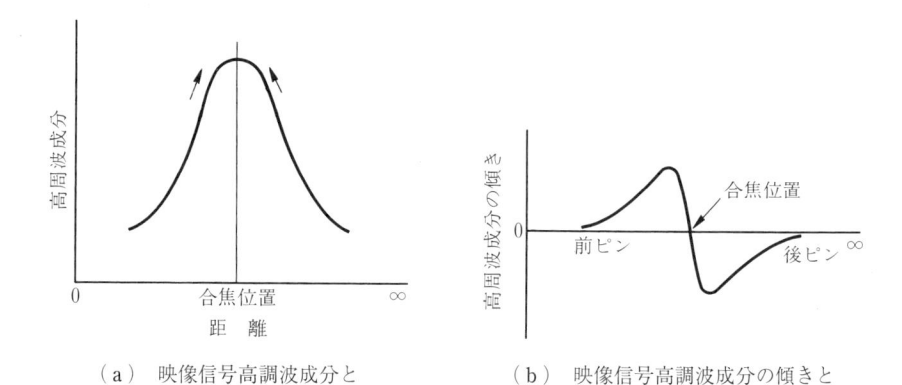

（a）映像信号高調波成分と
　　　合焦位置の関係

（b）映像信号高調波成分の傾きと
　　　合焦位置の関係

図7.7　映像信号とピント位置の関係

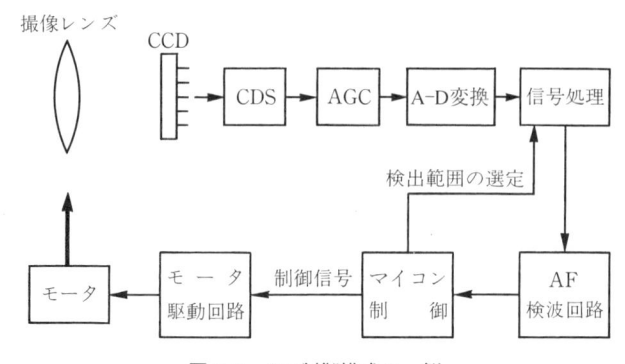

図7.8　AF制御構成の一例

写体が移動したときに追随するスピードが問題になる。また，フィールドごとに積分して値が得られるので，最小でも数フィールドの時間が必要になるなどの課題がある。

本来，被写体には3次元の奥行情報が存在する。これらのどこにピントを合わせるかは撮影者の意志による。乾杯シーンの撮影でグラスにピントを合わせるか，人物の顔に合わせるかは撮影者の意志によって異なるだろう。これらを機械的に判断することはなかなか難しい問題である。ただし，大事な被写体は画面の比較的中央部分であると考えれば，検出信号を画面全体の信号からではなく，中央部分だけを切り取って使うことにすれば比較的好みの被写体にピントが合うことになろう。

オートフォーカスは便利なものではあるが，撮影する際にどこにピントを合わせるかは多分に情緒的なものであり，自動機械ではなかなか難しいところである。

7.2.3 オートホワイトバランス

同一の被写体を撮像する場合でも，屋外の太陽光の下，曇天下，屋内の白色ランプの下，蛍光灯照明下など光の条件で色の見え方が変わってくる。人間の眼はこれらの光に順応して，白は白に感じるようにできているので，それほど不自然には感じない。しかし，カメラではこれら色温度の異なる光に含まれるRGB成分に忠実に反応して口絵4に示すように，色温度が高いと青みがかった白，低いと赤みがかった白に再現される。カメラでは多くの場合，白は白く見えることが必要になるから，色温度が変わった場合にもその色温度でホワイトバランスがとれるようにしたい。そこで，自動的に白が再現されるようにオートホワイトバランス（auto white balance，略してAWB）が必要になる。これには無彩色の被写体ではRGBの割合がいつも一定値になるように，または色差信号$R-Y$，$B-Y$がつねに0になるように制御する。青みがかった白ではRのゲインを上げてBのゲインを下げる，赤みがかった白ではBのゲインを上げるか，Rのゲインを下げればよい。これらの様子を図7.9に示す。

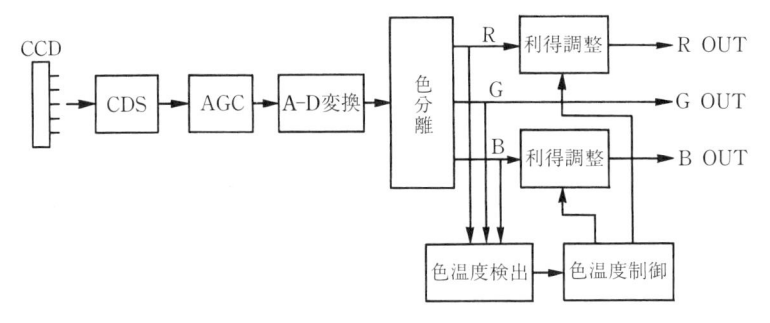

図7.9 AWBの構成（CCD処理方式）

　ここでも色温度を正確に検出することが必要になる．撮影する環境に基準の白を置いて，これを撮影してカメラの白バランスをとることが理想的である．しかし，これではわずらわしいので，最近のカメラでは被写体の特徴を生かして白を判断することが行われる．

　白を検出する方式では，外部センサと撮像デバイス出力の映像信号検出とに大別される．外部センサ方式はR，BまたはRGBのセンサをモジュールで組み込み，おのおのの出力比が等しくなるように，カメラのバランスをとるものである．この方式は一見確実なようであるが，外部センサは通常カメラに組み込まれているので，カメラ周辺の色温度を測定することになる．屋内から，外の景色を撮像する場合にはセンサは，屋内の照明の色温度を測定しているが，実際に撮影する屋外は別の照明条件であるから具合が悪い．

　最近では撮像デバイスをセンサとして用い，この出力信号でRGBのバランスをとるようにした，内部測光方式が多い．白い紙を撮像してバランスをとった上で撮像するのであれば，この映像信号検出方式が最も確実である．

　しかし，いつもこれを行うのはわずらわしいので，つぎに示すような手段がとられている．すなわち，撮像する1画面に含まれる色成分は全体を積分するとだいたい0，無彩色に近くなるという仮定に基づくものである．しかし，この映像信号検出方式を単純に実施したのでは不具合が生じるので，これを回避するような手段がとられている．例えば，夕焼けの景色では全体が赤い色調で，この方が好ましい．また，赤いトマトをアップで撮像する際は画面の占め

る割合は赤が大部分になる。

そこで画面の中央付近を切り取り，検出する，画面の中で色付きの大きな部分は除外して飽和度の低い部分を抽出して積分する，などの工夫が施されている。

実際には色温度の種類はそれほど多くないので，あらかじめ白熱ランプ，蛍光灯，太陽光線など何種類かの色温度の補正係数をメモリしておき，これを切り替えて使用すれば最適状態に近いホワイトバランスがとれる。

7.2.4 自動揺れ補正[12]

カメラが小型化になり，倍率の高いズームレンズが手に入るようになると，手持ち撮像時にカメラが揺れて画像がたいへん見にくくなる現象が問題となってきた。そこで，この自動揺れ補正（auto stabilization，略して AS）が最近注目されるようになってきた。揺れと手ぶれといろいろな言い方があるが，ここでは揺れ補正で統一する。

この機能でも検出と制御が大切である。**表 7.4** に各種方式を示す。

表 7.4 揺れの検出・補正方式

揺れの検出	映像検出
	角速度検出
揺れの補正	ジンバル機構
	CCD 駆動制御
	フィールドメモリ駆動制御
	可変頂角プリズム

検出方式は，撮像デバイスの出力信号から検出する映像検出方式と角速度センサで検出する方式に大別される。

映像信号検出方式は，**図 7.10** に示すように映像信号からディジタル画像処理技術を駆使して，動きベクトルを検出する。水平垂直の BPF で映像信号から動きベクトル検出に必要な周波数成分を抽出し，代表点マッチング法により動きベクトルを検出する。これにより，検出精度を落とすことなく代表点を少なくすることができる。手振れと被写体の動きやカメラのパンとの判別には，

7. カラーカメラの実際

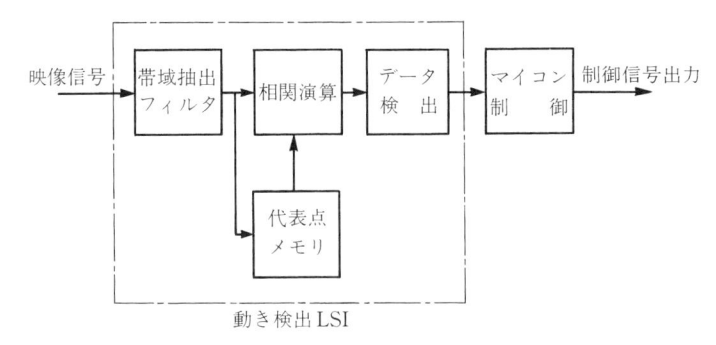

```
映像信号 → [帯域抽出フィルタ] → [相関演算] → [データ検出] → [マイコン制御] → 制御信号出力
                                    ↑
                              [代表点メモリ]
                         —— 動き検出 LSI ——
```

図 7.10 映像検出方式 AS の構成

ファジー推論を用いて識別に効果を上げている例がある。

角速度センサを用いた方式は，カメラ本体に水平・垂直に 2 個の角速度センサを付け，各方向の手ぶれを検出しようとするものである。この方式は，純粋な手ぶれ成分をダイレクトに検出できることや，画像の相関を使う必要がないので，時間遅れがないというメリットがある。この反面，2 個の外部センサをカメラ本体に付けなければならず，小型軽量化の点では不利である。

つぎに揺れ補正方式を述べていこう。最も多く使われているのが撮像デバイスの駆動制御方式である。図 7.11 のように，撮像デバイスの有効領域より小さい位置にウィンドウを設け，検出器から得られた制御信号に応じて，撮像デバイスの読出し位置を変化させて，このウィンドウを動かして揺れを補正する。実際には PAL 方式の有効画素数は，NTSC 方式に比べて垂直，水平ともに約 20 % 大きいので，これらの画素を利用して画質の低下なしに揺れ補正が

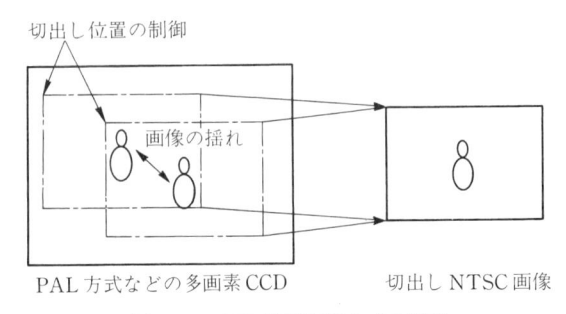

図 7.11 CCD 駆動制御方式の原理

可能である。

フィールドメモリ制御方式は,撮像デバイスの出力信号をいったんフィールドメモリに記録し,メモリから読み出すタイミングを変えて制御するものである。

バリアングルプリズム（可変頂角プリズム）方式は,**図 7.12** のように 2 枚の透明基板（ガラス板など）の間に高屈折率の透明な液体を入れ,2 枚のガラス板が自由に傾きを変えられるようにしたものである。2 枚のガラス板を傾けるとプリズムとして動作するから,光軸が曲がる。したがって,揺れ成分によってガラス板の角度を制御することにより光学像の位置が変化し,画像の揺れを補正することができる。

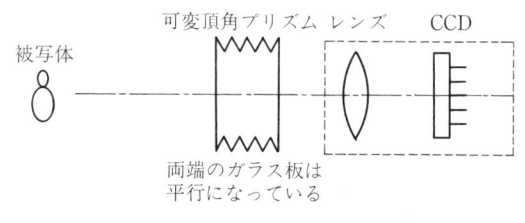

（a）正常なとき

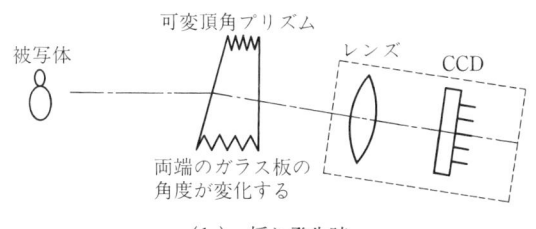

（b）揺れ発生時

図 7.12 可変頂角プリズム（バリアングルプリズム）方式による揺れ補正原理

7.2.5 顔　検　出

カメラで撮影する場合に,顔は最も重要な被写体である。したがって,露出,ピント,色調を顔に合わせることにより失敗のない写真が撮れる。最近の

デジタルカメラでは，これら3大機能が顔を検出することによって効率よく行うことができるようになるので，顔検出機能が付いたカメラが増加している。撮影条件がよければ顔の判別はしやすいが，人種，性別，年齢などによる変化に対応でき，照明条件や，顔向き，ピントの精度にも影響されずに検出することが必要になる。さらに，高速に精度よく検出するために，比較的簡単な手法で実現することが必要になる。

カメラが捕らえる視野（被写体）の中から顔を確実に検出することが必要になる。一般には顔の辞書を作っておき，顔と顔以外の画像を区別する。顔の中の眼，鼻，口などの器官には位置や端点，中心点などに特徴がある，顎，鼻，眼，眉，口には形状や輪郭に特徴がある。これらを組み合わせることにより顔検出が行われる。

左右の眼と鼻に注目した共起性を用いた方式を説明する。まず，顔の大きさが想定される程度の複数のウィンドウを用意する。検出したい画面全体をウィンドウ走査して識別器を用いて顔が含まれるかどうかを判別する。

識別器は図7.13に示したように，事前に収集しておいた顔画像と顔以外の画像を学習して分類しておく。つぎに図7.14に示すように，顔の左右の眼と鼻に注目すると位置関係はほぼ定まり，さらに三つの特徴がある。右目は頬より暗い，左目は眉間より暗い，鼻孔は頬より暗いという特徴があり，明暗の長方形の3組みの領域で表すことができる。それぞれの組みは Haar Wavelet 特徴といわれる。これらからブースティングという学習アルゴリズムを用いて

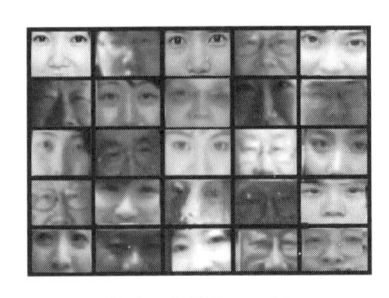

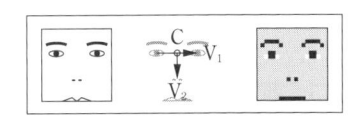

（a）顔辞書の一例　　　　　（b）特徴点抽出

図7.13　顔辞書の一例（文献16）を参照して作成）

（a） ウィンドウ走査と顔

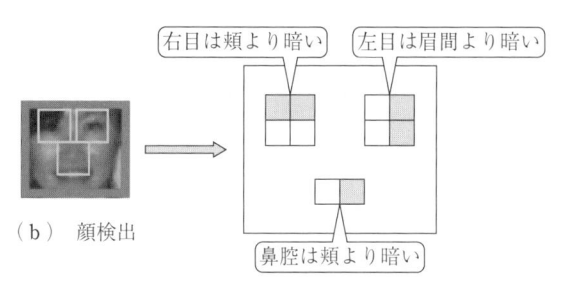

（b） 顔検出

図 7.14 顔検出処理の一例

最終判定を行う．このように複数の特徴が同時に満たされることを共起性といい，検出精度の向上に寄与している[16]．

部分的明暗差を用いる方式では，左右の眼と口を用いる例もある[17]．

7.3 カメラの小型化・高密度実装

カメラの小型化で最も進んでいるのは，携帯電話用カメラモジュールである．

ここでは電子部品にはチップ部品が使われている．抵抗については小型化が進んでいるが，容量が大きなコンデンサの小型化が課題である．しかし，最近では 0603 と呼ばれる長さ 0.6 mm，幅 0.3 mm，高さ 0.3 mm のチップ部品が通常使用され，容量によっては 0402 と称する長さ 0.4 mm，幅 0.2 mm，高さ 0.2 mm のチップ部品も開発されている[3]．

高密度実装技術も進歩し，隣接ピッチが 0.3〜0.15 mm 程度までが実現されている．

カメラモジュールでは量産化が行われるので，部品の小型化と並行して，小型部品を高速度で実装する自装化が必要である。

携帯電話用カメラモジュールでは厚さ方向に制約があるので，低背化が進められている。低背化での課題は撮像レンズである。カメラの撮像レンズは，一定の面積を持った画像をひずみなく正確に結像しなければならない。この点がスポットを結像するタイプの光学ピックアップレンズと異なるところである。特に，カラーカメラでは色収差を除去するためには，複数のレンズを組み合わせて使わなければならず，高解像度化が進むにつれ，さらに困難さが大きくなる。

将来は画像処理技術の進歩によって，ぼけた画像から解像度のよいカラー画像が再現できるようになると，撮像レンズの負担が大幅に改善される可能性がある。

7.4 デジタルカメラ

写真フィルム（銀塩フィルム）を使わずに，磁気媒体を用いて電気的に静止画像を記録していくシステムは電子スチルカメラと呼ばれ，1981年にソニーがマビカを発表[18]して以来，各社で盛んに研究開発されていった。

その後，半導体メモリを媒体に用いるカメラに重点が移り，写真機の代替からパソコンカメラとしての新しい用途が生まれ，イメージ一新も兼ねて，半導体メモリに電気的に静止画像を記録していくシステムはデジタルカメラと呼ばれるようになった。

7.4.1 電子スチルカメラ

磁気媒体を用いて静止画像を記録する電子スチルカメラは，マビカの発表以来，急速に普及するかに見えた。磁気媒体はビデオフロッピーとして規格化もされたが，写真機の手軽さ，フィルム，印画紙の画質のよさに遠く及ばず，普及するには至らなかった。

磁気シート，磁気ディスクにテレビの画像を記録する試みは，1960年代に西独テレフンケンなどでTEDディスクとして開発され，ビデオディスクとして製品化もされた。記録媒体をカメラに内蔵可能にした，いわゆる電子スチルカメラのコンセプトは1970年代初めにTI社から特許出願されたのが最初である[19]。また，NHKからも磁気バブルメモリを記録媒体に用いたディジタル式電子写真システムの構想が発表されている[20]。しかし，前述のマビカは，これらのコンセプトを実現可能な形にし，試作品としてまとめにしたことに大きな意義があった。

7.4.2 デジタルカメラ

半導体メモリカードを有したデジタルカメラは1989年3月に東芝と富士フィルムから初めて発表された[21),22)]。図7.15にこのカメラの構成を示す。付表4にデジタルカメラの仕様を示す。半導体メモリカードは不揮発性メモリであるEEPROMが用いられる。メモリを有効に利用するために，記録する前にDCT（離散コサイン変換）による画像圧縮が用いられる。また，撮影枚数は20Mビットカードで最大13枚である。しかし，この当時はまだ，半導体メモリのコストも高くカメラ全体が高価になってしまった。

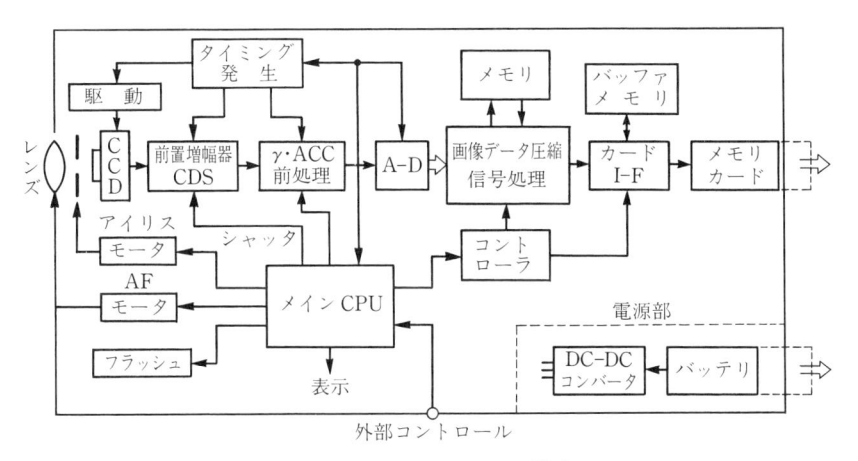

図7.15 デジタルカメラの構成

その後，各社からデジタルカメラの試作品がつぎつぎと発表されたが，デジタルカメラが本格的になるのは1994年11月発売のカシオのQV10の出現である。従来のデジタルカメラの概念からは解像力に難点はあるものの，パソコンに容易に静止画像が取り込めるパソコンカメラとして注目を集め，ヒット商品となった[23]。付表3に，このデジタルカメラのおもな仕様を示す。1/5インチの25万画素FT-CCDを用い，2 MBの内蔵メモリに最大96枚の画像が取り込める。定価4万9千円という手ごろな価格で重さ190 gである。

図7.16は，1997年7月に発売された初めての33万画素CMOSセンサを用いたデジタルカメラである。その後，多画素化が進み，SXGAと呼ばれる130万画素になってサービスサイズの写真と同等な解像度になった。当初は，イメージセンサも画素数が小さく，コンパクトカメラから普及していった。しかし，2002年になると35 mmフルサイズのイメージセンサができ始め，一眼レフカメラにもデジタルカメラの波が押し寄せ，一気にフィルムを追放するようになった[24]。

図7.16 CMOSデジタルカメラ

一方，静止画像の高画質化には解像度だけでなく，色再現，ディテール表現など多岐にわたる画(え)作りの技術進歩の寄与が大きい。従来の動画像中心のカラーカメラの画作りから静止画像の画作りへと大きく変貌を遂げた。

7.4.3 一眼レフカメラ

デジタルカメラは，コンパクトカメラの延長であるDSC (digital still camera) と一眼レフカメラの延長である D-SLR（single lens reflex, 略して SLR）の 2 機種に分かれて開発されている。

D-SLR の製品化は, 1991 年にコダックがニコンの写真機 F 3 をベースにして, 自社製の 130 万画素 CCD を用いた DCS 100 が最初といわれる[24]。しかし, これはケーブルを介して別ユニットのハードディスクに記録するものであった。

SLR のメリットは写真機で開発され, 実績, 蓄積のある豊富な交換レンズが使えるということにあり, 当初はリレーレンズを用いて 2/3 型 CCD に変換する方法が採られていた。

本格的な D-SLR は, 1996 年 4 月に設定されたフイルムの次世代規格である APS-C（advanced photo system-C）の画像サイズ 23.4×16.7 mm か 35 mm フィルムの 36×24 mm に準じた撮像デバイスの開発が必要であった。しかし, APS-C までは半導体露光装置で一括露光が可能だが, 35 mm サイズでは分割露光を余儀なくされるため[25], 両規格の撮像デバイスを用いた D-SLR が混在している。

1999 年 9 月に APS-C サイズ（23.7×15.6 mm）で原色 266 万画素 CCD を用いた Nikon D 1 が 65 万円で製品化された。その後, 2000 年 10 月に同じく APS-C サイズ（23.4×16.7 mm）で原色 325 万画素 CMOS センサを用いた Canon EOS D 30 が 35 万 8 千円で製品化され, 本格的な D-SLR が出現した。

その後, 35 mm フルサイズの 1 100 万画素 CMOS センサを用いたカメラ EOS-1 Ds が 2002 年にキヤノンから 25 万円で発売された。その後, このシリーズでは 2 110 万画素の CMOS センサを搭載した機種 Mark III が製品化され, D-SLR の撮像デバイスは 600 万～2 000 万画素が一般的になってきた。

D-SLR では感光面サイズの大きい撮像デバイスが利用されるため, 感度, ダイナミックレンジ, SN 比, ぼけ効果の点で優れ, 高画質, 高機能を要求するプロのカメラマンを始め, コンパクトな DSC に飽き足りない一般のカメラ愛好者に急速に普及が進んでいる。

D-SLR は撮像デバイスの違いのほかに, ディジタル信号処理で加工しない画素データである raw data を取り出せることも特徴になっている。撮影後に

時間をかけて高画質処理を自由に行いやすくするためである。

フィルムカメラとデジタルカメラの特徴を**表7.5**にまとめて示した。さらに，レンズの収差補正や人間の視覚特性を適用した階調圧縮[26]などのディジタル信号処理技術も取り入れられている。

なお，フィルムにはネガ，ポジの2種類があったが，ディジタルでは信号の極性を反転させるだけで，口絵1（g）のようにネガ画像が作れる。この機能を用いると，ネガフィルムから正しいカラー画像が得られる。

表7.5 フィルムカメラとデジタルカメラの特徴

	項　目	フィルムカメラ	デジタルカメラ
ハード	カメラ	写真機	カメラ
	光学像	レンズ	レンズ
	光学像の変換	フィルム	撮像デバイス
	処理	現像	DSP
		焼付け（プリント）	メモリ
	表示	印画紙	パソコン
		スライド	プリンタ
	配布	郵送	電子メール
		手渡し	メモリの受渡し
	保存	フィルム・印画紙	HDD・メモリ・用紙
特徴	光学像	ワンタイム	リライタブル
	色補正	DPE	パソコン処理
	画像の確認	1〜2日後	瞬時
	加工	トリミングの指定	思いのまま
	編集	アルバム	電子アルバム
性能・機能	画質 （解像度・SN比・色調）	△	○
	機能 （AE, AF, AWB, AS)	△	○
	特殊機能 （顔認識，赤目除去，連写）	△	○
使い勝手	光のかぶり	×	○
	カメラの開閉	×	○

〔注〕　撮像デバイス・DSPはカメラ組込み
　　　現像・焼付けはDPE店へ持ち込み，完成と同時に手渡し

7.5 放送用・業務用カメラ

　放送用カメラは，動画像が得られるカメラとしては最高の画質が得られるカメラである．デジタル放送が開始されたのに伴い，従来の5～6倍の画素を持ち，アスペクト比16：9の撮像デバイスが開発され，HDTV信号と従来のSDTV信号の両方の出力を持つマルチスタンダードカメラが一般的になった．
　一方，業務用カメラは普及されてきたシステムとの互換性が必要であり，一気にHDTV化が進むには至っていない．また，アスペクト比も楽しむための画像と異なり，横長より，4：3の従来型が好まれる傾向もある．

7.5.1 放送用カメラ

　放送用カメラにはスタジオでドラマ制作などに用いる据置きタイプのスタジオカメラと屋外での中継現場などで用いるEFP（electronic field pickup）カメラ，ニュース取材で活躍する可搬型のENG（electronic news gathering）カメラがある．
　いずれも，ダイクロイックプリズムを用い，色再現がよい3板式が主流である．
　撮像デバイスには感度がよく，スミアも少ない2/3型で230万画素前後の画素数を持つFIT-CCDが使用されるが，最近ではCMOSセンサも使用される．放送用は1 920×1 080の有効画素をカバーでき，画質のよい動画像を撮ることが目的なので，画素サイズも5 μm画素で固定されている．
　スタジオカメラやEFPカメラでは倍率の大きなズームレンズが必要で，性能・機能も最高レベルが要求されるので，カメラ本体より大きいぐらいのレンズが使用される．例えば，スタジオ用では2/3型で6.5～180 mmの27倍，野外中継のEFP用では9.3～810 mmの87倍などがある．
　放送用カメラの性能はF=10で2 000 lxの感度，解像度1 000 TV本以上，SN比もスタジオカメラではHDTV方式で60 dB，ENGカメラでも54 dB程

度が得られている。

ビデオカメラと同様に，映像信号の記録機器の変化も大きい。ENGカメラで池上通信機のGF-CAMではMPEG-2 422 P@HLコーデックを採用，フラッシュメモリを用いて64 GBのメモリパックを用いると最高120分の記録が可能になっている[27]。

ENGカメラとスタジオカメラの外観を図7.17に示す。ENGカメラは撮影された画像をその場で記録・保存する必要があるため，記録機器が一体化されており，4～5 kgの重さになっている。図（a）に示すように，肩にかついで撮影できるショルダータイプである。スタジオカメラやEFPカメラは図（b）に示すように，大型のズームレンズを取り付け，三脚台に固定される。左半分の箱型がズームレンズである。ほかにCCU（camera control unit）がある。

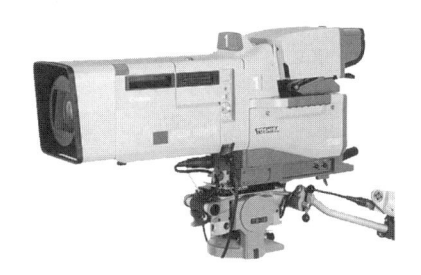

（a） ENG用カメラ　　　　　　（b） スタジオ用カメラ

図7.17　放送用カメラの外観

放送用カメラは，一度に画像を全国の視聴者に受信できるようにするために，性能，機能ともに最高レベルを要求される。そのため，価格もシステムの組合せにもよるが，数百万円から数千万円に達している。機器の性能も安定したが，それでも撮影前には事前にセッティング，チェックが行われる。

FIT-CCDが使われ始めた放送用カメラの仕様を参考までに付表5，6に示す。CCDの画素数が現在のデジタルテレビ用と異なるが，その他の仕様は現在と大きな変化はない。

7.5.2 業務用カメラ

放送用，家庭用以外のカメラは広く業務用カメラといわれ，監視用，FA (factory automation) 用，教育用，医療用などに幅広く使われる。最近では，後方監視，ドライブレコーダなどの車載用カメラ，ロボットの眼，ネットワークカメラなど，カメラの用途はますます広がっている。

性能は目的に応じて各種あるが，一般には放送用と家庭用の中間にあると考えられる。しかし，医療用などの一部では白黒画像で微小な疾患や患部の変化を見逃さないように，広い階調特性と，高解像度の要求も高い。一方，みかんの選別，肌色の微妙な違いなどがわかるように，特定な色の変化が撮れるようにしたものもある。

図7.18（a）は汎用業務用カメラとして使われる，3板式カラーカメラ IK-T 40 である。カメラ全体の大きさは $72\,W \times 71\,H \times 168.3\,Dmm^3$ で重さは約 700 g である。3板式にはカメラヘッド部が分離された分離型と，全体が一体となった一体型とがあり，使用目的で選択できる。カメラヘッド分離型では図 7.19（b）のように，カメラヘッド部は $32.5\,W \times 40\,H \times 40.2\,Dmm^3$，60 g で，狭いスペースでも取り付けることが可能である。なお，接続されるカメラ制御部（camera control unit, 略して CCU）は $110\,W \times 40\,H \times 156\,Dmm^3$，670 g である。価格はいずれも 55 万円程度で業務用としては高級型に属する。

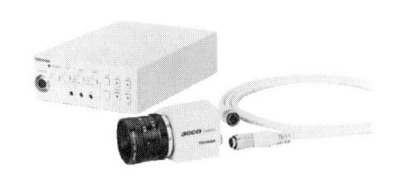

（a）一体型（東芝 IK-T 40）　　（b）カメラヘッド分離型
　　　　　　　　　　　　　　　　　　（東芝 IK-T 40 D）

図7.18　汎用業務用3板式カラーカメラ

表7.6 は業務用カメラの一例である。3板式は 1/3 インチ 41 万画素 CCD を3個用い，色分解プリズムと CCD が接合されたブロックと若干の回路基板が

表 7.6 業務用カメラの一例（東芝カメラカタログによる）

項　目	3 板式 IK-HD1H	単板式-箱型カメラ IK-654 NP	単板式-超小型カメラ IK-UM44H
撮像方式	RGB 3 板式	色差順次	色差順次
形式	ヘッド分離	一体型	ヘッド分離
撮像デバイス	1/3 型 IT-CCD	1/3 型 IT-CCD	1/3 型 IT-CCD
有効画素	960×1 080	768×494	760×494
解像度　水平	1 920 画素	470 TV 本	470 TV 本以上
垂直	1 080 画素	350 TV 本	350 TV 本以上
最低被写体照度	13 lx（F 2.2 Gain+18 dB）	1.5 lx（F 1.0, 3 000 K）	3.5 lx（F 1.6, 3 000 K）
走査方式	2：1 インタレース	2：1 インタレース	2：1 インタレース
SN 比	56 dB 標準（Gain 0 dB）	50 dB 以上	46 dB 以上
映像出力	Y/Pb/Pr または RGB HD-SDI（SMPTE292M 準拠）	VBS 1.0 Vpp NTSC 方式準拠	VBS 1.0 Vpp NTSC 方式準拠 Y/C 分離（S 端子）
同期方式	内部/外部（自動切換え）	内部	内部/外部（自動切換え）
レンズマウント	C マウント	CS マウント	特殊マウント
電源	DC 12 V	電源多重 NP 方式	DC 12 V
消費電力	10.3 W（CCU 組合せ）	2.5 W（DC 22 V 時）	310 mA
質量　カメラヘッド	65 g	420 g（一体型）	9 g
CCU	730 g	なし	390 g
外形寸法 カメラヘッド (mm)	幅 32.6 高さ 38.6 奥行 41	幅 60 高さ 48 奥行 110	直径 12 長さ 36
CCU（mm）	幅 110 高さ 40 奥行 186	なし	幅 85 高さ 40 奥行 156
動作温度	0〜40 ℃	−10〜+50 ℃	−10〜+40 ℃

カメラヘッドに収められている。CCD と色分解プリズムは緑用と赤，青用とで水平方向に空間画素ずらしを行い固着されるので，その結果，水平方向解像度は 750 TV 本が得られている。CDS 回路とプリガンマ，AGC 回路を経て A-D 変換され，ディジタル信号処理が行われる。最終的にはアナログの NTSC 出力，RGB 出力，ディジタル出力が目的に応じて選択できるようになっている。1/3 インチ CCD の採用と小型の色分解プリズムの開発により，撮像レンズは C マウントの標準規格品が採用できるようになった。撮像レンズの後に色分解プリズムや光学フィルタが入るので，3 板式の場合は従来は，バックフォーカスの長い特殊なバヨネットマウントが採用されていたものである。カメラシステムはマイコン処理で必要に応じて，条件設定ができるようになっている。

　図 7.19 は，汎用業務用カメラとして使われる単板式カラーカメラである。3 板式と同様にカメラヘッド部が分離された分離型と，全体が一体となった一体型とがあり，使用目的で選択できる。価格は一体型が 10〜20 万円，カメラヘ

7.5 放送用・業務用カメラ

ッド分離型が30万円前後である。この業務用単板式カメラの仕様も表7.6に示す。全体としては家庭用のビデオカメラ用と同じ方式のものが多く、補色の色フィルタアレイの付いた1/2〜1/3インチ41万画素CCDを1個用い、その結果、水平方向解像度は460TV本が得られている。電子回路も家庭用とほぼ同じで、CDS回路とプリガンマ、AGC回路を経てA–D変換され、ディジタル信号処理が行われるものが多い。

（a）カメラヘッド分離型　　　　　　（b）一体型
図7.19　汎用業務用単板式カラーカメラ

7.5.3　マイクロカメラ

カメラヘッドを**図7.20**のように、親指、小指サイズに超小型に構成したマイクロカメラが特殊用途に幅広く普及している。CCD自体も従来の角形のパッケージではなく、角を落として円形にして直径を小さくしたものが開発されている。

ヘッド部分（直径16.5 mm）
図7.20　マイクロカメラの外形

図7.21はマイクロカメラヘッド部の構造を示したもので、撮像レンズ、光学LPF、小型CCD、高密度実装基板と撮像に必要な機能すべてが含まれ、円筒型の特殊な筐体に収められている[28]〜[30]。

184   7. カラーカメラの実際

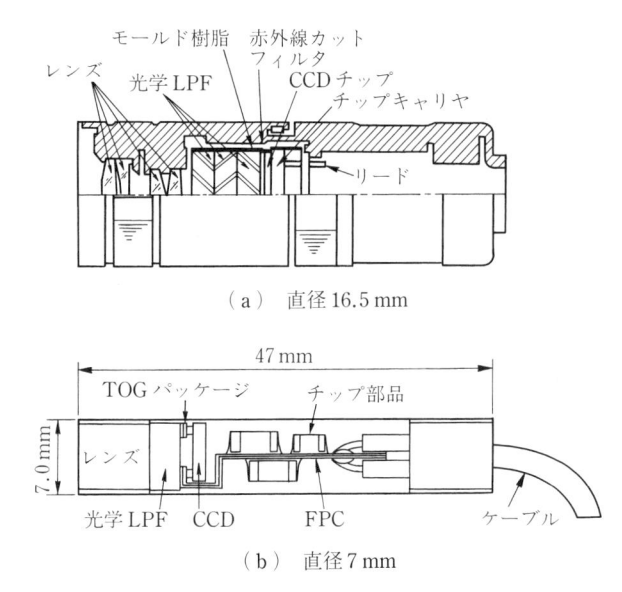

(a) 直径 16.5 mm

(b) 直径 7 mm

図 7.21 マイクロカメラヘッド部の構造

　いままでのカラーカメラの概念を一新するカメラで，指先に挟んで簡単に画像が撮れる上，狭いスペースでも設置できる．また，気づかれずにカメラヘッドを置くことができる．そこで，発表当初から，放送局を始め，大きな話題になった．放送局ではニュースショーなどでキャスターが自分でマイクロカメラを実物に近づけて説明しながら，画像を撮像する，歌謡ショーで歌手の表情をリアルにとらえるなどで効果を発揮している．また，スポーツ中継では琵琶湖マラソンで伴走のオートバイの車輪近くに取り付け，走者の脚の動きを観察する，富良野のスキー滑降コースの紹介で試走者がヘルメットに取り付け，実際に滑降状態で迫力ある画像を撮影する，野球のベースに付ける，バスケットのゴールポストに取り付けるなど，いつもは撮影できないシーンを撮影することができるようになった．

　1987 年の製品化当初は直径 16.5 mm であったが，その後，改良が加えられ，12 mm を経て，1995 年には直径 7 mm のものが製品化され，さらに 4 mm へと微細化が進められている．

7.5.4 電子内視鏡

撮像レンズとCCDを含むカメラヘッド部を直接体内に入れて，胃，十二指腸，大腸などを観察，治療する電子内視鏡が実用化されている[31]~[33]。図7.22に電子内視鏡の基本構成を示す。レンズで結像された光学像の位置にCCDを置き，ここで電気信号に変えた後に外部に取り出すものである。外部に設けられたカメラコントロールユニットで色分離，信号処理を行い，カラーモニター上に映し出された画像を観察する。

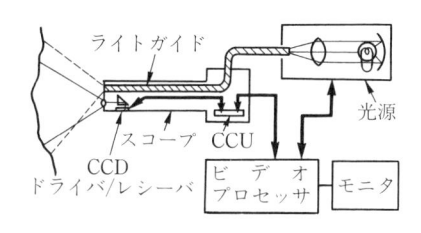

図7.22 電子内視鏡の基本構成

電子内視鏡のカメラヘッド部には図7.23のように撮像レンズや照明のライトガイドのほかに，空気，水を送る，送気，送水口，細胞片を採取する鉗子チャネル口などが必要である。1985年に東芝が国内最初に開発した時点では，直径が13 mmあったが，その後，1987年には10.8 mmになり，最近では10 mm以下になっている。電子内視鏡では，画面の周囲に患者のデータなどの情報を入れるので，必ずしも画面全体に画像が必要なわけではない。そこで，中心部分だけに画像が表示されるように，周辺の画素を削ってCCDチップを極限まで小さくして小型化を優先させている。また，特別なパッケージに収められ小型化を図っている。

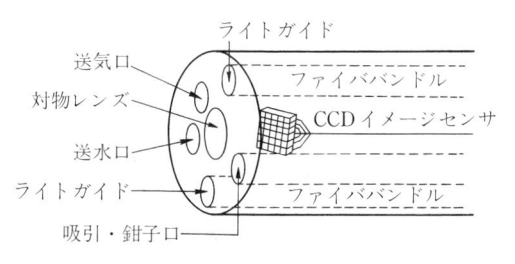

図7.23 電子内視鏡のカメラヘッド部

体内は暗く，内視鏡では照明が必須である．そのため同時式単板式と一部に照明にRGB回転フィルタを付けて順次に変化させた，面順次単板式が使われている．しかし，体内の動きは予期していたよりかなり速いため，面順次方式では古くから指摘されている色割れ現象が生じるという本質的課題が残る．

同時式単板式では，家庭用・業務用のビデオカメラと同様な色フィルタアレイが用いられる．しかし，体内の色がよりよく再現されるように色フィルタ特性と色分離回路に工夫が施されている．図7.24に電子内視鏡の外観を示す．

これらの電子内視鏡では，体内に入るカメラヘッド部にスコープという管がついている．これを切り離してカメラヘッド部だけを飲み込むようにした検査用のカプセル内視鏡が実用化され始めた．しかし，最近の電子内視鏡は検査のほかに治療機としての機能が大切である．

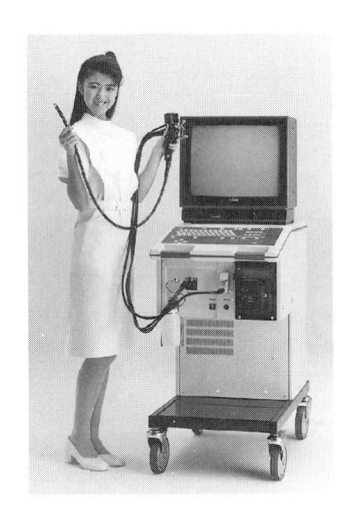

図7.24　電子内視鏡の外観

7.5.5　立体カメラ

立体画像は，画像技術の発展の上ではカラー化と同じぐらい古くから実現が期待されていたが，なかなか広く普及し，実現可能な技術が生み出されなかった．カラー化はすでに当たり前の技術になっているが，立体画像は最後に残された課題である．ただし，最近になって，立体ビデオディスクや立体ビデオカ

メラなども実現され，郵政省でも立体画像の調査研究を行う[34]などようやく扉が開きつつある。

3次元に画像を表現する技術は古くから試みられ，紀元前の洞窟壁画にもすでにその手法が使われている。その後，絵画，写真，映画など多くの画像を扱う分野で3次元画像の方式が開発，実用化されてきた。

1970年の大阪万国博覧会では，あまり話題にならなかったが，ソ連館でレンチキュラースクリーンを用いた眼鏡不要のカラー立体映画が毎日数回，上演された。また，1985年の筑波科学博覧会では赤，青の眼鏡を使ったモノクロ立体映画，偏光眼鏡を使ったカラー立体映画が盛んに展示され，人気を集めた。その後，数多くの地方博覧会が国内で開催されるようになったが，大画面で迫力ある立体カラー映画はこのようなイベントには欠かせないものとなっている。

一方，カラー写真では絵はがきや宣伝パネルなどで，レンチキュラーシートやホログラムを用いたものが実用化されている。また，複眼方式の立体写真機は趣味の分野で根強い支持があり，米国や日本で製品化が行われている。

なお，最近では左右二つの眼による2眼式画像を立体画像，多眼式または3次元の空間画像によるものを3次元画像と呼ぶ場合がある。しかし，現実にテレビジョンや，電子画像で実現されているのは2眼色の立体画像なので，ここでは立体画像，立体カメラと呼ぶことにする。

3次元画像を表示方式から分類すると，**図7.25**のようになる。2眼式立体画像と3次元映像とに大別され，さらに個別技術が網羅されている。博覧会で人気を集めている立体映画はアナグリフ方式と偏光方式がほとんどである。アナグリフ方式は赤，青でだぶって印刷，あるいはスクリーンに投影された画像を赤，青の眼鏡を用いて，赤の画像を赤の眼鏡で，青の画像を青の眼鏡で選択することによって分離して立体画像を得るものである。モノクロ画像になるが，比較的簡単に立体画像が得られるので，いろいろな分野で実用化されている。1800年代に生まれて，1920年代に映画が作られている。また，1974年には日本テレビ系列で「オズの魔法使い」が[35]，1983年にはテレビ東京系列で「ゴ

```
                    ┌─ ミラー式（1838年 Wheastone）
          ┌─のぞき式─┼─ プリズム式（1849年 Brewster）
          │         └─ レンズ式（1859年 Holmes）
          │         ┌─ Anaglyphic〔赤・青メガネ〕
          │         │  (Rollman and J. D. Almeida)
2眼式     │         ├─ 濃度差式〔緑・マゼンタメガネ〕プルフリッヒ効果
立体画像 ─┼─メガネ式─┤ （Pulfrich effect）
          │         ├─ 偏光式〔偏光メガネ〕(1891年 Anderton)
          │         └─ 時分割シャッタ式〔シャッタメガネ〕
          │         ┌─ Parallax Stereogram（1903年 Ives）
          │         ├─ Lenticular Screen
          └─メガネレス┤ 大凹面鏡
                    └─ 大凸レンズ

          ┌─多眼式───┬─ Parallax Panoramagram（1918年 Kanolt）
          │         ├─ Lenticular（1910～1920年 Ives ほか）
          │         └─ Integral Photography（1908年 Lippman）
          │         ┌─ Varifocal Mirror式（1967年 Traub）
3次元     │         ├─ 回転円筒式
映像    ──┼─奥行標本化式┤ 表示面振動式
          │         ├─ 表示面積層式
          │         └─ ハーフミラー合成式
          │         ┌─ レーザ光再生式（1948年 Gabor）
          └─ホログラム式┤ 白色光再生式（1891年 Lippman）
                       リップマン式（1962年 Denisykuk）
                       レインボー式（1969年 Benton）
                       ステレオグラム（1968年 McGickert）
                       円筒式（1972年 Cross）

平面画    ┌─ 擬似3次元方式
利 用  ──┼─ 遠近法
         └─ エンボス方式
```

図 7.25 3次元画像表示方式

リラの逆襲」がテレビで放送されている。

　偏光式は左眼用画像と右眼用画像を偏光をそれぞれ変えて，だぶってスクリーン上に表示し，左眼用右眼用と偏光を変えた偏光眼鏡を用いて，それぞれの画像を分離して見るようにしたものである．この方式は古くから行われ，1939年のニューヨーク万国博覧会では，ポラロイド社の E. H. Land の協力で，この方式の立体映画が公開され，150万人の観客を集めたという[36]．この方式では鮮明な立体カラー画像が可能なので，最近の博覧会などのイベントにも盛んに使われている．眼鏡もプラスチックの偏光板を用いた簡単なものでよく，多

人数が同時に楽しむことができる。映写機の代わりに投写型テレビを用いれば立体カラーテレビが実現できる。IMAX はカナダ生まれの大画面映画で，ドーム状の巨大スクリーンに迫力ある画像が映し出され臨場感も加わり立体効果も大きい。

なお，立体画像の見え方については視覚効果とその要因がいろいろと研究調査されてきた。**表7.7**は，これらの要因をまとめて示したものである。（1）〜（4）は絵画でも古くから取り入れられている。

表7.7 立体視の要因

項　目	内　容
（1）　大きさ	近くの物体は大きく，遠くは小さい
（2）　重なり方	遠くの物体は近くのものに隠れる
（3）　透視図	等しい大きさの物体が規則的に配列
（4）　空気透視	近くの物体はコントラストが強く，遠くは弱い
（5）　ピント調節	眼のピント調節，水晶体の変形
（6）　視野	大画面で画面にとけ込む。一体感，臨場感
（7）　光と陰	陰影，照明方法
（8）　色と明るさ	赤が飛び出し，青が引っ込む
（9）　運動視差	近くが速く動き，遠くが遅く動く
（10）　両眼輻輳	左右の眼と物体を結ぶ角度による両眼の動き
（11）　両眼視差	左右の眼が物体を観察する際の像の違い

立体画像を撮影するカメラは撮像レンズを二つ持った，いわゆる2眼式が普通である。従来の伝送方式，記録方式を利用するには左右の画像を交互に伝送，記録し，必要に応じて受像側で補間する時分割方式が有効である。

図7.26は，立体ビデオカメラのシステム構成を示したものである。人間の眼の間隔に撮像レンズとCCDを2個ずつ配置する。そこから得られる左右の2枚の映像を交互に画面ごとに切り替えフィールド順次信号とする。以下，通常のビデオカメラと同じように信号処理を施し，標準のVTRに記録する。また，NTSC信号として出力し直接モニタに表示することもできる。VTRの再生信号は立体アダプタに加えられ，左右のフィールド判別の基準信号を発生して液晶眼鏡の左右のシャッターを駆動させる。VTRの再生信号をモニターに表示して液晶眼鏡で観測すると，画面に応じて液晶眼鏡のシャッタが動作し，

190　7. カラーカメラの実際

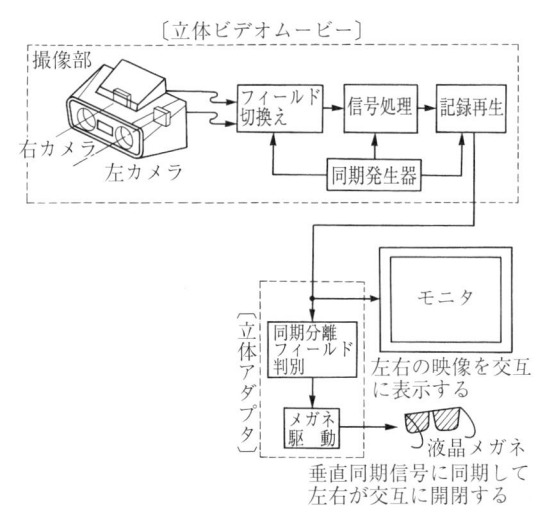

図7.26　立体ビデオカメラのシステム構成

　左右の画像が分離されてそれぞれ左右の眼に入り，立体画像が観察される。実際には撮影の際に左右の画像が正確に位置合せされていないと，左右の画像がずれてたいへん見づらいものとなり，立体効果も上がらない。

　立体画像が得られる原理を**図7.27**を用いて説明しよう。遠くの物体Aと近くの物体Bとを撮像する場合，図（a）のように左カメラのCCD感光面では

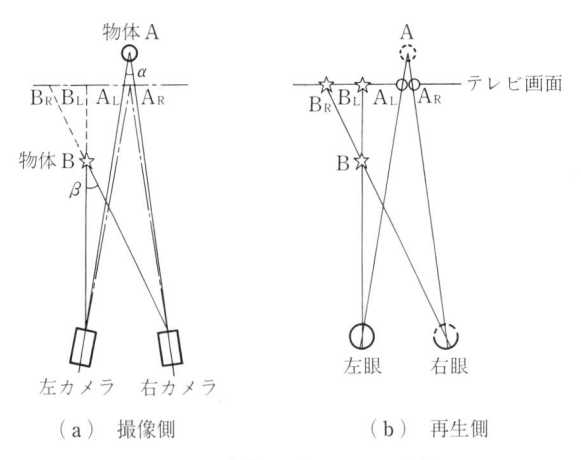

図7.27　立体ビデオカメラの原理

物体 A，B は，あたかも A_L，B_L の位置にあるものとして撮像される。一方，右カメラの CCD 感光面では物体 A，B は同様に A_R，B_R の位置にあるものとして撮像される。撮像された画像をモニタ上で再生すると図 (b) に示すように，画面では左から B_R，B_L，A_L，A_R の画像が並んで表示される。このままで画面を両眼で見たのでは物体 A が A_L，A_R に物体 B が B_R，B_L に分かれて 2 重像として見えるだけである。そこで左眼には $A_L B_L$ の画像だけが，右眼には $A_R B_R$ の画像だけが入るようにすると，眼の融合作用により，$A_L A_R$ の画像が，あたかも A にあるように画面上より奥へ引き込んで，$B_L B_R$ の画像が B にあるように画面上から飛び出して見えるようになる。

このようにして作られた立体ビデオカメラの仕様を表 7.8 に示す。1/2 インチ CCD を 2 個使用し，$f=9.5$ mm の単焦点レンズを用い，65 cm 以上離れた被写体に対してはいつでもピントが合うパンフォーカスとなっている。2 個のレンズの間隔は，5 mm と人間の眼の幅より若干広くし立体効果を高めている。左右の画像の位置合せ精度が大切で，片方のレンズと CCD を機械的に固定した上で，この画像を見ながら他方のレンズと CCD を合わせ込み，3 板式の画像と同じような精度が得られている。立体効果を出すためには，特に垂直方向の位置合せが大切で，走査線 0.5 本以内に合わせている。2 台の独立したカメラを使ったのでは得られない高精度を実現している[37]。

図 7.28 に立体ビデオカメラの外観を示す。このカメラは 1989 年にアメリカで 500 台が出荷されている。

表 7.8 立体ビデオカメラの仕様

項　目	内　容
撮像方式	2 眼式左右フィールド順次方式
立体表示方式	両眼視差時分割シャッタ眼鏡方式
録画再生方式	VHS-H 規格
録画時間	標準 20 分
撮像デバイス	1/2″30 万画素 IT-CCD
撮像レンズ	$F1.6\ f=9.5$ mm
撮像範囲	65 cm～∞
外形寸法	125 (W)×156 (H)×254 (D) mm
重量	1.3 kg（本体のみ） 1.6 kg（バッテリ，テープ含む）

図 7.28 立体ビデオカメラの外観

なお、このほかの立体カメラには量産された例はないが、1985年の科学博覧会で5台のカメラを用いてレンチキュラ板におのおのの画像を映し出し、眼鏡なしで立体画像が見られるようにした多眼式カラー3次元システムが松下電器により展示公開された。また、東大生産技術研究所では8個のCCDを大口径フレネルレンズの後に設け、連続視域型3次元テレビジョンカメラの施策が行われた[38]。

7.5.6 車載カメラ

車載カメラは、携帯電話のつぎにカメラの新しい用途として期待されている。乗用車に多数のカメラを取り付け、運転支援を行う、死角をなくして事故を未然に防ぐなどの要請から車載カメラの需要が急速に高まっている。

車体の前方につけるカメラでは、日中の海岸を走行したり、突然暗い駐車場に入ったり、トンネルを出たり入ったり、など明暗の変化が激しい環境下で的確に被写体を捕らえることが必要になる。さらに、高速で走行する場合も多く、被写体の動きを素早く撮像できることが必要になる。これらの条件を満足する車載カメラの実現が本格的に普及するためには必要になる。

カメラ技術は放送局用に始まり、ビデオカメラ、デジタルカメラ、携帯電話と形を変えてそのつど、目的に応じて大きく進歩してきた。

これらのカメラを整理してみると**表7.9**に示すように、画像を撮るカメラとものを撮るカメラに分類されよう[39]。

表7.9 カメラの分類

分類	画像を撮る		ものを撮る	
目的	見るカメラ	記憶に残るカメラ 楽しむカメラ	処理するカメラ	記録に残すカメラ 加工しやすい信号出力
要件	高画質	きれい・美しい 感情の表現 芸術性	忠実性	ありのままに撮る 色再現性
	高機能	きれいに撮れる	単機能	目的に応じた画像が撮れる
主な用途	放送局用、ビデオカメラ、デジタルカメラ、カメラフォン		監視用、車載用、医療用、FA用、ロボット用	

7.5 放送用・業務用カメラ

　画像を撮るカメラは，画像をそのままディスプレイに表示して楽しむカメラ，ものを撮るカメラは主として処理して使うことを目的とするカメラである。

　画像を撮るカメラは，人間の記憶色に基づき，きれいな画像，美しい画像を再現することに注意が注がれてきた。ものを撮るカメラは実物どおりに忠実に再現することが必要になる。

　一方，車載カメラの種類を用途別に整理してみると，**表7.10**のようになる。画像を撮るカメラはドライブレコーダぐらいで，ほかのほとんどが処理と関連を持っている。

表7.10　車載カメラの種類

目　的	用　途
後方モニタ	車両後方の死角を見せる
駐車支援	後退時に車両軌跡の案内が出るバックガイドモニタ
ドライブレコーダ	信号機，事故時の状況確認
白線認識	白線はみ出し走行時の警告
障害物認識	路上の障害物の認識・警告
人検知	路上の人の認識・警告
周辺監視	複数カメラで車の周囲を監視
飛び出し防止	前部中央に装着して左右からの接近車を検知
車間距離	追突防止　車間距離測定
路車間距離	道路と車の距離測定，
顔向き検出	わき見運転の警告
居眠り検知	ドライバの状態・居眠り検知・警告
車室内監視	車室内の異常を監視
運転者認識	セキュリティ
ナイトビジョン	赤外線，近赤外線による視覚支援

　したがって，いままでのカメラとは異なり，車載カメラが初めての本格的なものを撮るカメラの出現といえよう。

　もう一つ，従来のカメラとの違いはカメラが文字通り，車とともに動き回り，被写体が固定されないことである。

　車載カメラの被写体の中には，日当たりと日陰が同時に入るシーンも数多く，WDR機能を持ったカメラが必要であるといわれる。しかし，表7.10のような用途をみると，太陽光を直接，撮像するわけでもなく，星明りの中でヘッドランプを認識したいわけでもない。

被写体が必要なときに目的に応じて正確に撮像できることが肝心である。車載カメラと車の見え方は，図3.21で説明したように，WDRカメラで単純に撮像すると信号出力ではかえって小さくなってしまう。

見たい被写体を確実に捕らえるためには，むしろ，実線のカメラで直線範囲を左右に移動して，被写体の光入力範囲が含まれるように制御することが有効である。

WDRで広範囲な光入力にカメラが対応できるようになると，撮像レンズのフレア，ゴーストの影響が厳しくなる。従来では撮影できなかったような明暗の差が，激しいシーンが撮像できるようになるからである。

ヘッドランプの脇の人影が見たい場合に，ヘッドランプのフレアが広がると人影のコントラストが著しく低下したり，トンネル出口で外光をかぶってトンネル内の白線や車が消えるなどの症状が現れる。そこで，車載カメラ用レンズにはフレアやゴーストを極力抑えなければならない。

最近の道路標識等ではLED表示が増加している。人の目には識別しやすく好評であるが，点滅しているために高速の電子シャッタを用いると撮影できない場合があるので，注意する必要がある。

このように，車載カメラは従来にないカメラ形態が必要になる。「見る」と「処理」の両機能を備え，WDR技術を駆使した車載カメラの構成は図7.29のようになると予想される。

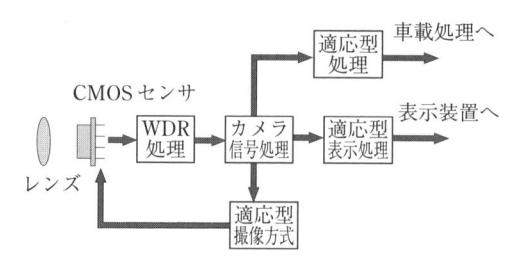

図7.29 車載カメラの構成例

談 話 室

万国博のカラーテレビ電話　1970年に大阪で開催された万国博覧会。世界初のカラーテレビ電話が電電公社（現在のNTTの前身）の電気通信館で世界で初めて公開，大評判となって，3月16日から半年間，1日12時間無事に実演できた。

本当にできるのか，だれも自信がなかったので，開幕までPRされてはいなかった。会期中，事故なく動作しなくてはならない。研究所では珍しく信頼性のテストも繰り返し，万全の準備で会場の千里丘陵に搬入した。関係者の下見でもすばらしいと絶賛。ところが，オープンの2，3日前からときどき動作が不安定になり，ついにダウンしてしまった。

東京から部品を取り寄せ，徹夜の作業を続けたが直らない。開会式が刻々と迫ってくる。幹部の方もそわそわし始め，胸の痛む時間が空費する。

開始10分前，セレモニーも中止かと思われたとき，一つの考えがひらめいた。ニッパーを持ってきて1箇所を切断。その瞬間，カラー画像が戻ってきた。

何事もなかったように始まったオープニングセレモニー。霞ヶ関ビルの副総裁と会場のコンパニオンの明るい会話が弾む。世界初のカラーテレビ電話の大成功，沸きあがる拍手のなかで，私はへたり込んでいた。

会社生活で経験した最大の危機。最後まで希望を捨てず，取り組めば必ず解決手段がある。

付　録

付表1　各種画像の呼び方と有効画素数

名　称	有効画素数 (H×V)	総画素数	アスペクト比	備　考
MPEG-1				Moving Picture Coding Experts Group
SIF NTSC	352×288	101 376		Source Input Format
SIF PAL	352×241	84 032		
ITU-T勧告H.261				
CIF	352×288	101 376	11：9	Common Intermediate Format
QCIF	176×144	25 344	11：9	Quarter CIF
MPEG-2				
High	1 920×1 080	2 073 600	16：9	
	1 920×1 152	2 211 840	16：9	
High-1440	1 440×1 080	1 555 200		
	1 440×1 152	1 658 880		
Main	720×488	351 360		
	720×576	414 720		
Low	352×288	101 376		
パソコン				
QVGA	320×240	76 800	4：3	Quarter VGA
VGA	640×480	307 200	4：3	Video Graphics Array
W-VGA	852×480	408 960	5：3	Wide VGA
SVGA	800×600	480 000	4：3	Super VGA
XGA	1 024×768	786 432	4：3	Extended Graphics Array
W-XGA	1 366×768	1 049 088	4：3	Wide XGA
SXGA	1 280×960	1 228 800	4：3	Super XGA
	1 280×1 024	1 310 720	5：4	Super XGA
UXGA	1 600×1 200	1 920 000	4：3	Ultra XGA
QXGA	2 048×1 536	3 145 728	4：3	Quad XGA
QSXGA	2 560×1 920	4 915 152	4：3	Quad SXGA
QUXGA	3 200×2 400	7 680 000	4：3	Quad UXGA
ITU-R勧告BT.601				
NTSC	720×483	347 760	4：3	
PAL	720×576	414 720	4：3	
日本のHDTV				High Definition Television
地上波デジタル	1 440×1 080	1 555 200	16：9	ARIB TR-B 14
BSデジタル	1 920×1 080	2 073 600	16：9	ARIB TR-B 15
HDTV-FPD				Flat Panel Display
普及型	1 366×768	1 049 088	16：9	
フルHD	1 920×1 080	2 073 600	16：9	
UDTVの構想				Ultra Definition Television
UDTV-1	3 840×2 160	8 294 400	16：9	
UDTV-2	5 760×3 240	18 662 400	16：9	
UDTV-3	7 680×4 320	33 177 600	16：9	

〔注〕　デジタルシネマ　4 096×2 160　8 847 360

付録

付表2　おもなビデオカメラの仕様

	MOS型 VK-C1000 日立製作所	CCD型 CCD-G5 ソニー	8ミリ CCD-TR55 ソニー	SVHS-C AI-XS1 東芝
特徴	初めての固体カメラ	初めてのCCDカメラ	パスポートサイズ	高解像度化
撮像デバイス	2/3″19万画素MOS	2/3″19万画素CCD	1/2″27万画素CCD	1/2″38万画素CCD
撮像方式	Cy, W, Ye, Gモザイク単板式	R, G, Bベイヤー単板式	Mg, G, Ye, Cy色差順次単板式	Mg, G, Ye, Cy色差順次単板式
水平解像度	260 TV本以上	250 TV本		470 TV本
撮像レンズ	6倍ズームレンズ	6倍ズームレンズ	6倍ズームレンズ	8倍ズームレンズ
ファインダ	電子ビューファインダ	1″白黒CRT	0.6″白黒CRT	1″白黒CRT
電子シャッタ	なし	なし	1/60〜1/4000	1/60〜1/10000
重量	1.7 kg	1.02 kg	0.79 kg	1.3 kg
外形寸法 (W×H×D)	58×100×155 mm	107×137×218 mm	107×106×176 mm	112×145×295 mm
消費電力	5.3 W	4.5 W	5.2 W	10.3 W
発売時期	1981年4月	1983年10月	1989年6月	1989年9月
価格	350 000円	228 000円	160 000円	198 000円

	SVHS-C NV-S1 松下電器	Hi-8 VL-HL1 シャープ	DV (6ミリディジタル) NV-DJ1 松下電器	DV (6ミリディジタル) DCR-VX1000 ソニー
特徴	手振れ補正, ブレンビー	液晶ビューカム	ディジタル記録	ディジタル記録
撮像デバイス	1/3″27万画素CCD	38万画素CCD	1/4″27万画素CCD	1/3″38万画素CCD
撮像方式	Mg, G, Ye, Cy色差順次単板式	Mg, G, Ye, Cy色差順次単板式	RGB 3板式	RGB 3板式
水平解像度	330 TV本以上	—	500 TV本	500 TV本
撮像レンズ	6倍ズーム	—	10倍ズームレンズ	10倍ズームレンズ
ファインダ	—	4型カラー液晶	カラー液晶	カラー液晶
電子シャッタ	1/100〜1/4000	1/600〜1/10000	1/60〜1/8000	1/4〜1/10000
重量	0.97 kg	0.89 kg	1.1 kg	1.6 kg
外形寸法 (W×H×D)	96×134×167 mm	198×148×78 mm	144×122×266.5 mm	110×144×329 mm
消費電力	7.8 W	9.3 W	7.5 W	9.5 W
発売時期	1990年6月	1992年10月	1995年9月	1995年9月
価格	165 000円	210 000円	275 000円	235 000円

付表 3 おもなデジタルカメラの仕様

	QV-10 カシオ計算機	Power Shot キヤノン	DC 20 日本コダック	Allegretto 東芝
特徴	最初の本格的デジタルカメラ	高解像度	ソフト付き 低価格	PCカードスロットにダイレクトイン
撮像デバイス	1/5″25万画素CCD	SVGA (800×600画素) 以上 1/3″57万画素CCD	1/3″27万画素CCD	1/4″33万画素CMOSセンサ
画素数	—	800×600	493×373	640×480
記録方式	JPEG	JPEG	—	JPEG
内蔵記録媒体	16 Mbit フラッシュメモリ	1 MB	1 MB	2 MB
記録媒体	—	PCMCIA/ATAカード	—	スマートメディア
記録枚数	96枚	9枚	8枚	24枚
階調	—	24ビットフルカラー	24ビットフルカラー	—
インタフェース	NTSC出力, ディジタル出力	PCMCIA TypeIII	RS 422/RS 232	カードスロットへダイレクト
撮像レンズ	単焦点マクロポジション付き, $f=5.2$ mm (60 mm相当)	単焦点 $f=7$ mm (50 mm 相当), マクロ撮影可	単焦点 (47 mm相当)	単焦点 $f=4.9$ mm (49 mm 相当)
ファインダ	1.8型TFTカラー液晶 220×279ドット	—	—	光学式
電池	単3アルカリ電池4本	ニッカド NB-6 N 単3アルカリ電池6本	3 V リチウム電池	3 V リチウム電池
重量	190 g (電池除く)	400 g (電池, カード除く)	110 g (電池除く)	130 g (電池除く)
外形寸法 (W×H×D)	130×66×40 mm	159.5×92.5×58.5 mm	102×61×31 mm	105×55×20 mm
発売時期	1994年11月	1996年6月	1996年6月	1997年7月
価格	49 800円	128 000円	39 800円	59 800円

〔注〕 1/5″CCDでは $f=5.2$ mm は35 mmカメラで $f=60$ mm相当

付表4 初めてのデジタルカメラの仕様

項　目	内　容
撮像デバイス	2/3″40万画素 FIT-CCD
撮像レンズ	$F\,2.8\ f=15\,\text{mm}$
解像度	水平 400 TV本 垂直 450 TV本
AI	プログラム AE 電子シャッタ　1/30～1/500 絞り　　　　　$F\,2.8$～11
AF	赤外線アクティブ方式
AWB	自動追尾またはマニュアル
連写速度	5画面/s
電池	専用 NiCd（400 mAh）
大きさ	145×87×58 mm
重量	420 g（バッテリ除く）

付表5　ENGカメラの仕様の一例（東芝 SC-831の場合）

項　目	内　容
撮像方式	RGB 3板式
撮像デバイス	2/3″60万画素 FIT-CCD
有効画素数	1163（H）×492（V）
光学系	$F\,1.4$ プリズム式
内蔵フィルタ	3200 K, 5600, 5600+1/4 ND, 5600 K+1/16 ND
電子シャッタ	1/100, 1/120, 1/250, 1/500, 1/1000, 1/2000〔s〕
レンズマウント	特殊バヨネットマウント
映像出力	NTSC 1.0 Vpp, 同期負, 75 Ω, 不平衡
感度	2000 lx, $F\,8$（反射率 89.9 %）
最低被写体照度	4 lx（$F\,1.4$ レンズ, 18 dB, P 2 Mode）
SN比	62 dB
水平解像度	900 TV本
レジストレーション	0.05 %以下（全域）
画面ひずみ	測定限界値以下
感度切換え	0 dB, 9 dB, 18 dB
消費電力	15 W
動作温度	-20～$+45\,°\text{C}$
外形寸法	305（H）×280（D）×92（W） mm
重量	3.2 kg（カメラ本体＋ビューファインダ）

付表6　スタジオカメラの一例（東芝 SC 3000の場合）

項　目	内　容
撮像方式	RGB 3板式
撮像デバイス	2/3″64万画素 FIT-CCD
光学系	$F\,1.4$ ダイクロイックプリズム（水晶フィルタ内蔵）
光学フィルタ	NDフィルタ；CAP, 100 %, 25 %, 6.3 %, CROSS CCフィルタ；3200 K, 4300 K, 5600 K, 6300 K, 8000 K
電子シャッタ	1/100, 1/120, 1/250, 1/500, 1/1000, 1/5000〔s〕
感度	2000 lx, $F\,8$（反射率 89.9 %）
SN比	62 dB
水平解像度	900 TV本（4:3アスペクト時），800 TV本（16:9アスペクト時）
レジストレーション	0.05 %以下（全面画）
レンズマウント	新東芝ハンガーマウント
ビューファインダ	7″CRT
消費電力	350 VA
外形寸法	241（W）×427（H）×378（D） mm
周囲温度	カメラヘッド-20～$+45\,°\text{C}$
カメラケーブル	標準ケーブル長 200 m, 最長 2 km

引用・参考文献

〔2章〕

1) W. S. Boyle and G. E. Smith：Charge Coupled Semiconductor Devices, Bell Syst. Tech. J., **49**, pp.587-593（Apr. 1970）
2) G. F. Amelio, et al.：Experimental Verification of the Charge Coupled Devices Concept, Bell Syst. Tech. J., **49**, pp.593-600（Apr. 1970）
3) E. R. Fossum：Active pixel Sensors；Are CCD's Dinosaurs？, Proc. SPIE, Vol. 1900, pp.2-14（1993）
4) S. R. Morrison：A New Type of Photosensitive Junction Device, Solid-State Electronics, **6**, pp.485-494（Sep./Oct. 1963）
5) J. W. Horton, et al.：The Scanistor-a Solid-State Image Scanner, Proc. IEEE, **52**, 12, pp.1513-1528（Dec. 1964）
6) P. K. Weimer, et al.：Integrated Circuits Incorporation Thin-Film Active and Passive Elements, Proc. IEEE, **52**, 12, pp.1479-1486（Dec. 1964）
7) 辻，竹村：6.固体撮像デバイス，テレビ誌，**28**，11，pp.911-917（Nov. 1974）
8) 東芝CCD技術資料（Aug. 1996）
9) E. R. Fosum：CMOS Image Sensors, Electronic Camera on a Chip, IEDM, pp.17-25（Feb. 1995）
10) E. R. Fossum：CMOS Image Sensors；Electronic Camera — on-a-chip, IEEE Trans. Electron Devices, **44**, 10, pp.1689-1698（1997）
11) R. D. McGrath：CMOS Image Sensor Technology, AIMデジタル映像国際シンポジウム予稿集（Dec. 1996）
12) 馬渕，ほか：1/4インチVGA対応33万画素CMOSイメージセンサ，映情学技報（Mar. 1997）
13) 松長，遠藤：CMOSイメージセンサのノイズキャンセル回路，映情学技報，**22**，3，pp.7-11（Jan. 1998）
14) 井上：CMOSセンサの「これまで」と「今後」，映像情報インダストリアル，

pp.2-5（Jan. 2003）

15) 井上，ほか：CMOS イメージセンサにおける低電圧駆動埋込み PD の解析，映情学誌，**55**，2，pp.257-263（Feb. 2001）
16) 米本，ほか：低ノイズ化を実現した新画素構造の HAD 型 CMOS イメージセンサの開発，映情学誌，**55**，2，pp.252-256（Feb. 2001）
17) 杉木，ほか：コラム間 FPN のないコラム型 AD 変換器を搭載した CMOS イメージセンサ，信学技報，EID 2000-22，pp.79-84（June. 2000）
18) 中村，松長：高感度 CMOS イメージセンサの開発，映情学誌，**54**，2，pp.216-223（Feb. 2000）
19) 竹村：家庭用単管式カラーカメラの開発，映情学誌，**60**，6，pp.879-882（June. 2006）
20) F. L. J. Sangster：Bucket-Brigade Electronis-New Possibilities for Delay-Axis Conversion and Scanning, IEEE J. of Solid-State Circuits, **SC**-4, pp.131-136（June 1969）
21) E. Arnold, et al.：Video Signals and Switching Transients in Capacitor-Photodiode and Capacitor Phototransistor Image Sensors, IEEE Trans. Electron Devices, **ED**-18, 11, pp.1003-1010（Nov. 1971）
22) G. J. Michon and H. K. Burke：Charge Injection Imaging, ISSCC Digest of Tech Papers, pp.138-139（Feb. 1973）
23) 座談会：固体撮像技術若手技術者大いに語る，テレビ誌，**37**，10，pp.869-876（Oct. 1983）
24) 座談会：固体撮像素子，40 万画素量産への課題は何か，日経エレクトロニクス，437，pp.73-85（Dec. 1987）
25) 座談会 固体イメージセンサ開発の熱気と学会活動-前編，映情学誌，**60**，8，pp.1244-1249（Aug. 2006）
26) 座談会 固体イメージセンサ開発の熱気と学会活動-後編，映情学誌，**60**，9，pp.1386-1392（Sep. 2006）
27) 竹村：ビデオカメラ，テレビ誌，**38**，7，pp.622-624（July 1984）
28) 佐藤：固体カラーカメラ，テレビ誌，**37**，2，pp.104-111（Feb. 1983）
29) 竹本：撮像デバイスへの応用，テレビ誌，**37**，1，pp.25-31（Jan. 1983）
30) 小池，ほか：単板カラーカメラ用 npn 構造型 MOS 撮像素子の特性，テレビ誌，**33**，7，pp.548-553（July 1979）
31) 髙橋，ほか：補完画素配置を用いた高解像度 MOS 形撮像素子，テレビ誌，**37**，10，pp.812-818（Oct. 1983）

32) 大場，ほか：2次元MOS型固体素子の固定パターン雑音と抑圧回路の提案，テレビ学技報，TEBS 64-2, pp.53-58（Aug. 1980）
33) 竹本，ほか：テレビ学技報，ED 891, pp.49-54（1985）
34) T. Tsukada, et al.：New Solid-State Image Pickup Devices using Photosensitive Chalcogenide Glass Film, IEDM Tech. Digest, pp.134-136（Dec. 1979）
35) 馬路，ほか：非晶質Siを用いた単板カラー固体撮像素子，テレビ学技報，**5**, 29, ED-607（Dec. 1981）
36) 近村，ほか：異種接合受光素子を積層した固体撮像板，テレビ学技報，**ED490**, pp.13-18（Mar. 1980）
37) S. Manabe, et al.：A 2-million-pixel CCD image sensor overlaid with an amorphous silicon photo conversion layer, IEEE Trans. Electron Devices, **ED-38**, No.8, pp.1765-1771（Aug. 1991）
38) 松長，ほか：容量性残像のない200万画素PSID, テレビ学技報，**16**, 18, pp.31-36（Feb. 1992）
39) 井上，ほか：2/3インチ200万画素スタックCCD, テレビ学技報，**18**, 16, pp.13-18（Mar. 1994）
40) 内田，ほか：固体化ハイビジョンカラーカメラHSC-100, 東芝レビュー，**46**, 9, pp.703-706（Sep. 1991）
41) 安藤，ほか：増幅型固体撮像素子AMI（Amplified MOS Intelligent Imager），テレビ学誌，**41**, 11, pp.1075-1082（Nov. 1987）
42) 安藤，ほか：1/4インチ25万画素増幅型固体撮像素子AMI, テレビ誌，**49**, 2, pp.188-195（Dec. 1995）
43) Y. Fujita, et al.：A New High-Speed Camera System for Broadcast Use, SMPTE Journal, pp.820-823（Oct. 1990）
44) 寺川，ほか：呼水転送によるCCD読み出し新固体撮像素子，信学技報，半導体トランジスタ研究会資料，SSD 79-100（Feb. 1980）
45) M. Kimata, et al.：A 480×400 Element Image Sensor with a Charge Sweep Device, ISSCC 85, pp.100-101（Feb. 1985）
46) A. J. P. Theuwissen, et al.：The Accordion Imager：an Ultra High Density Frame Transfer CCD, IEDM 84, pp.40-43（Dec. 1984）
47) J. Nishizawa, et al.：Static induction Transistor image sensors, IEEE Trans. Electron Devices, **ED-26**, 12, pp.1970-1977（Dec. 1979）
48) A. Yusa, et al.：SIT Image Sensor：Design Considerations and Character-

istics, IEEE Trans., **ED-33**, 6, pp.735-742（June 1986）

49) 中村，ほか：ゲート蓄積型 MOS フォトトランジスタイメージセンサ，テレビ誌，**41**, 11, pp.1047-1053（Nov. 1987）

50) 中村，ほか：CMD 撮像素子―高解像度への取り組み，テレビ誌，**50**, 2, pp.251-256（Feb. 1996）

51) Komobuchi, et al.：A Novel High-gain Image Sensor Cell Based on Si p-n APD in Charge Storage Mode Operation, IEEE Trans., **ED-37**, 8, pp.1861-1868（Aug. 1990）

52) J. Hynecek：A New Device Architecture Suitable for High-Resolution and High-Performance Image Sensors, IEEE Trans. Electron Devices, **ED-35**, 5, pp.646-652（May 1988）

53) N. Tanaka, et al.：A Novel Bipolar Imaging Device with Self-Noise-Reduction Capability, IEEE Trans. Electron Devices, **ED-36**, 1, pp.31-38（Jan. 1989）

〔3章〕

1) Y. Ishihara, et al.：A High Photosensitivity IL-CCD Image Sensor with Monolithic Resin Lens Array, IEDM Tech. Digest, pp.497-500（Dec. 1983）

2) 寺西，ほか：p^+np-構造フォトダイオードを用いた IL-CCD センサーの残像現象，テレビジョン学会全国大会，pp.45-46（1981）

3) B. C. Burkey, et al.：The Pinned Photodiode for an Interline-Transfer CCD Image Sensor, IEDM Tech. Digest, pp.28-31（Dec. 1984）

4) Y. Ishihara, et al.：Interline CCD Image Sensor with Anti-blooming Structure, ISSCC Digest Tech. Papers, pp.168-169（Feb. 1982）

5) 石原，ほか：縦型オーバーフロー構造 CCD イメージセンサー，テレビ誌，**37**, 10, pp.782-787（Oct. 1983）

6) 小池，ほか：単板カラーカメラ用 npn 構造型 MOS 撮像素子の特性，テレビ誌，**33**, 7, pp.548-553（July 1979）

7) C. H. Sequin：Bloooming Suppression in Charge Coupled Area Imaging Devices, Bell System Tech. J., **51**, pp.1923-1926（Oct. 1972）

8) N. Teranishi, et al.：No Image Lag Photodiode Structure in the Interline CCD Image Sensor, IEDM Tech. Digest, pp.324-327（Dec. 1982）

9) 広島，ほか：高密度プロセス技術の動向，テレビ誌，**44**, 2, pp.110-115（Feb. 1990）

10) R. H. Walden, et al.：The Buried Channel Charge Coupled Device, Bell System Tech. J., **51**, 7, pp.1635-1640（Sep. 1972）
11) C. H. Aw, et al.：A 128×128-pixel standard-CMOS image sensor with electronic shutter, ISSCC Dig. Tech. Papers, pp.180-181（1996）
12) 竹村：広ダイナミックレンジカメラ技術と新しい車載カメラについて，映情学技報，**31**，30，pp.11-14（June 2007）
13) 竹村：広ダイナミックレンジ技術と車載カメラへの課題，映情学技報，**31**，50，pp.1-6（Oct. 2007）
14) 竹村：広ダイナミックレンジカメラ技術の現状と動向，画像ラボ別冊，pp.11-17（Sep. 2007）
15) 須川：広ダイナミックレンジイメージセンサの最新動向，映情学誌，**60**，3，pp.299-302（Mar. 2006）
16) A. EI Gamal：High Dynamic Range Image Sensors, ISSCC 2002
17) 電子情報技術産業協会：CCTV 機器スペック規定方法，EIAJ　TTR-4602B，1994 年 4 月制定，2007 年 6 月改正
18) 映像情報メディア学会編：映像情報メディア用語辞典，コロナ社（1999）
19) D. Scheffer, B. Dierickx and G. Meynants：Random Addressable 2048×2048 Active Pixel Image Sensor, IEEE Trans. Electron Devices, **44**, 10, pp.1716-1720（Oct. 1997）
20) 萩原，ほか：対数変換型 CMOS エリア固体撮像素子，映情学誌，**54**，2，pp.224-228（Feb. 2000）
21) U. Seger, H. G. Graf and M. E. Landgraf：Vision Assistance in Scenes with Extreme Contrast, IEEE Micro, **13**, 1, pp.50-56（May 1993）
22) 須川，ほか：横型オーバーフロー蓄積容量を用いた広ダイナミックレンジ CMOS イメージセンサ，映情学技報，**29**，24，pp.29-32（Mar. 2005）
23) 小田，ほか：広ダイナミックレンジ撮像素子の開発─第 4 世代スーパー CCD ハニカム─，映情学技報，**27**，25，pp.17-20（Mar. 2003）
24) 熊田：Pixim DPS 1 ピクセル/1 AD コンバータ型 CMOS センサシステムの概要，次世代画像入力技術部会第 107 回定例会資料（June 2006）
25) 江川，ほか：2 重露光動作を用いたワイドダイナミックレンジ CMOS イメージセンサ，映情学技報，**31**，21，pp.25-28（Mar. 2007）
26) 佐藤，ほか：高ダイナミックレンジカメラ，1994 年テレビジョン学会年次大会
27) 川人：広ダイナミックレンジイメージセンサの最近の動向，映情学技報，**28**，25，pp.1-4（May 2004）

28) 佐々木，下池，竹村：適応型広ダイナミックレンジカメラの開発，OPTRONICS誌，No.2, pp.120-123（Feb. 2005）

〔4章〕
1) 和久井，ほか：テレビジョンカメラの設計技術，コロナ社（1999）
2) 中條：CMOSカメラモジュールの小型化・低背化実用技術とイメージセンサ多画素化推進，次世代画像入力ビジョン・システム部会，第109回定例会（Sep. 2006）
3) TV Optics II, The CANON Guide book of Optics for Television System（Jan. 1993）
4) 木内：イメージセンサの基礎と応用，2. イメージセンサに必要な光学の知識，日刊工業新聞社刊（1991）
5) 日本色彩学会編：新編色彩科学ハンドブック，第28章§1 肌色の実際，東京大学出版会（1980）
6) 日下，町田：ITEテストチャートを用いたテレビジョンシステムの評価（III），テレビ誌，**38**, 5, pp.458-465（May 1984）
7) D. B. Judd, et al.：Spectral Distribution of Typical Daylight as Function of Correlated Color Temperature, Journal of Optical Society America, **54**, 8, pp.1031-1040（Aug. 1964）
8) ヘンドリーグ デ ラング，ジースベルタス ブーフィス：対物レンズ背後に配設した色分離プリズム系を具えるテレビジョン撮像装置，特公昭38-23724，1963年11月7日（優先権主張1960年8月2日オランダ）
9) P. L. P. Dillon, et al.：Fabrication and Performance of Color Filter Arrays, IEEE Trans. Electron Devices, **ED-25**, 2, pp.97-107（Feb. 1978）
10) 笹野，ほか：単板カラー固体撮像素子用色フィルタ，テレビ誌，**37**, 7, pp.553-558（July 1983）
11) 竹村：CCDカメラ技術，ラジオ技術社刊（1986）

〔5章〕
1) 山中，ほか：3CCDカラーカメラの一方式，テレビ誌，**33**, 7, pp.516-522（July 1979）
2) 原田，ほか：スウィングCCDイメージセンサー，テレビ誌，**37**, 10, pp.

826-832 (Oct. 1983)

3) K. A. Hoagland : Image-Shift Resolution Enhancement Techniques for CCD Imagers, SID 82 Digest, pp.288-289 (1982)

4) 竹村, ほか : 家庭用 AV 機器における高画質化技術, テレビ誌, **43**, 6, pp.553-560 (June 1989)

5) 曾根, ほか : フィールド蓄積モード CCD の単板カラー化方式, テレビ誌, **37**, 10, pp.855-862 (Oct. 1983)

6) 森村 : 改良型色差線順次単板カラー方式, テレビ誌, **37**, 10, pp.847-854 (Oct. 1983)

7) B. E. Bayer : Color Imaging Array, U. S. Patent, 3,971,065 (July 20, 1976)

8) P. L. P. Dillon, et al. : Color imaging System using a Single CCD Area Array, IEEE Trans. Electron Devices, **ED-31**, 2, pp.183-188 (Feb. 1984)

9) M. Onga, et al. : Signal Processing Ics Employed in a Single-Chip CCD Color Camera, IEEE Trans. Consumer Electronics, **CE-30**, 3, pp.374-380 (Aug. 1984)

10) Y. Takemura and K. Ooi : New Frequency Interleaving CCD Color Television Camera, IEEE Trans. Consumer Electronics, **CE-28**, 4, pp.618-624 (Nov. 1982)

11) Y. Takizawa, et al. : Field Integration Mode CCD Color Television Camera using a Frequency Interleaving Method, IEEE Trans. Consumer Electronics, **CE-29**, 3, pp.358-364 (Aug. 1983)

12) 小滝, ほか : CCD を用いたフィールド蓄積周波数インターリーブ撮像方式, テレビ誌, **37**, 10, pp.833-839 (Oct. 1983)

13) Y. Takemura, et al. : New Field Integration Frequency Interleaving Television Pickup System for Single-Chip CCD Camera, IEEE Trans. Electron Devices, **ED-32**, 8, pp.1402-1406 (Aug. 1985)

14) 梅本, ほか : 単一撮像板カラーテレビカメラ, テレビ誌, **33**, 7, pp.554-559 (July 1979)

15) 長原, ほか : 小型 MOS 型単板カラーカメラ, テレビ誌, **34**, 12, pp.1088-1095 (Dec. 1980)

16) 増田, ほか : PAL 方式 MOS 型単板カラーカメラ, テレビ誌, **37**, 10, pp.840-846 (Oct. 1983)

17) 竹村, ほか : CCD 2 板式カラーテレビカメラ, テレビ誌, **33**, 7, pp.542-547 (July 1979)

18) 島田, ほか：窓明きCCDによる空間絵素ずらしカラーカメラ, テレビジョン学会方式回路研究会資料, TBS 36-2 (Feb. 1977)
19) K. Gunturk, J. Glotzbach, Y. Altunbasak and M. Mersereau：Demosaicking Color Filter Array Interpolation, IEEE Signal Processing Magazine, pp.44-54 (Jan. 2005)
20) R. H. Hibbard：Apparatus and Method for Adaptively Interpolating a Full Color Image utilizing Luminance Gradients, U. S. Patent 5,382,976 (Jan. 17, 1995)
21) C. A. Laroche and M. A. Prescott：Apparatus and Method for Adaptively Interpolation a Full Color Image utilizing Chrominance Gradients, U. S. Patent 5,373,322 (Dec. 13, 1994)
22) J. F. Hamilton and J. E. Adams：Adaptive Color Plane Interpolation in Single Sensor Color Electronic Camera, U. S. Patent 5,629,734 (1997)
23) D. R. Cok：Signal processing method and apparatus for producing interpolated chrominance values in a sampled color image signal, U. S. Patent 4,642,678 (Feb. 1987)
24) R. Kimmel：Demosaicing Image Reconstruction from Color CCD Samples, IEEE Trans. Image Processing, 8, 9, pp.1221-1228 (Sep. 1999)
25) J. W. Glotzbach, R. W. Schafer and K. Illgner：A Method of Color Filter Array Interpolation with Alias Cancellation Properties, Proc. IEEE Int. Conf. Image Processing, 1, pp.141-144 (2001)
26) 大田, 相澤：画素混合画像からの復元とデモザイキング, 映情学誌, **58**, 1, pp.109-114 (Jan. 2004)
27) 小松, 斉藤：光学ローパスフィルタによるボケの復元機能を有するデモザイキング, 映情学誌, **59**, 3, pp.407-414 (Mar. 2005)
28) 守谷, 牧田, 久野, 杉浦：局所領域における色変化の分析結果に基づくデモザイキング, 映情学誌, **61**, 3, pp.332-340 (Mar. 2007)
29) 関, 高橋, 菊池, 村松：高い空間周波数を有する色彩信号に配慮したカラーデモゼイシング, 映情学誌, **61**, 8, pp.1209-1217 (Aug. 2007)

〔6章〕
1) W. F. Kosonocky and J. E. Carnes：Two Phase Charge Coupled Devices with Overlapping Polysilicon and Aluminum Gates, RCA Review, **34**, 1, pp.164-202 (Mar. 1973)

2) W. E. Engeler, et al. : A Memory System Based on Suface-Charge Transport, IEEE Trans. on Electron Devices, **ED-18**, 12, pp.1125-1136 (Dec. 1971)
3) 松長：1/2″ IT-CCD イメージセンサーの性能改善，テレビジョン学会全国大会，pp.53-54 (July 1985)
4) M. H. White, et al. : Characterization of Surface Channel CCD Image Arrays at Low Light Levels, IEEE J. of Solid-State Circuits, **SC-9**, 1, pp. 1-13 (Feb. 1974)
5) 遠山，ほか：デジタル2重サンプリングを用いた列並列AD変換器を搭載した高速・低ノイズCMOSイメージセンサの開発，映情学技報，**30**，25，pp. 17-20 (Mar. 2006)
6) 杉木，ほか：デジタル輪郭補正のモアレ低減手法，テレビ誌，**50**，2，pp.281-287 (Feb. 1996)
7) 和久井，ほか：テレビジョンカメラの設計技術，コロナ社 (1999)
8) 杉浦，ほか：映像信号処理装置および映像信号処理方法，特許3,344,357 (2002年11月1日)
9) Chesnokov Vyacheslav：画質向上方法及びそのための装置，公表特許公報 (A)，特表2004-530368，2002年4月10日出願
10) E. H. Land and J. J. McCann : Lightness and Retinex Theory, Journal of the Optical Society of America, **61**, 1, pp.1-11 (Jan. 1971)
11) 三宅：小特集 マルチメディアの色彩工学 総論，映情学誌，**55**，10，pp.1216-1221 (Oct. 2001)
12) S. N. Pattanaik, et al. : A Multiscale Model of Adaptation and Spatial Vision for Realistic Image Display, SIGRAPH 98, Proc., pp.287-298 (1998)
13) 上田，ほか：広ダイナミックレンジカメラ用階調変換処理の開発，映情学誌，**56**，3，pp.469-475 (Mar. 2002)
14) 齊藤：高品質画像入力のための新しい画像処理パラダイム，浜松地域知的クラスタ創成事業 第17回イメージングセミナ，講演資料 (Oct. 31, 2006)
15) S. C. Park, et al, : Super-Resolution Image Reconstruction, IEEE Signal Processing Magazine, pp.21-36 (May 2003)

〔7章〕
1) 電子情報技術産業協会資料による
2) 情報通信ネットワーク産業協会の統計による

3) 中條：物造りの原点-カメラモジュール事業考察，電子ジャーナル，2007年刊
4) 竹村：家庭用単管式カメラの開発，映情学誌，**60**，6，pp.879-882（June 2006）
5) 池村：特集テレビジョン年報，6-1.民生用画像機器，テレビ誌，**36**，7，pp.626-630（July 1982）
6) 竹村：特集テレビジョン年報，5.民生用画像エレクトロニクス　5-1 ビデオカメラ，テレビ誌，**38**，7，pp.622-624（July 1984）
7) 竹村：特集テレビジョン年報，5.民生用画像エレクトロニクス　5-1 ビデオカメラ，テレビ誌，**40**，7，pp.622-624（July 1986）
8) 竹村，ほか：家庭用 AV 機器における高画質化技術，テレビ誌，**43**，6，pp.553-560（June 1989）
9) 山西，ほか：家庭用 AV 機器における多機能化技術，テレビ誌，**43**，6，pp.561-570（June 1989）
10) 竹村：民生用撮像素子と回路技術，テレビ誌，**45**，9，pp.1049-1053（Sep. 1991）
11) 中山，芦田：カメラ一体型 VTR，テレビ誌，**45**，9，pp.1080-1088（Sep. 1991）
12) 日下：小特集 民生用カメラ技術，3.各種機能の現状，3-1 手振れ補正，テレビ誌，**49**，2，pp.131-134（Feb. 1995）
13) 川口，ほか：小特集 民生用カメラ技術，3.各種機能の現状，3-5 オート機能（AF，AE，AWB），テレビ誌，**49**，2，pp.145-149（Feb. 1995）
14) 小野，ほか：TLC センサを利用したビデオカメラ用オートフォーカス，テレビ学技報，**11**，10，pp.33-38（Aug. 1987）
15) 石田，ほか：山登りサーボ方式によるテレビカメラの自動焦点調節，NHK 技術研究，**17**，1，pp.21-26（1965）
16) 三田：高速・高精度を両立する顔検出技術，東芝レビュー，**61**，7，pp.62-63（July 2006）
17) 車載カメラ／セキュリティカメラシステム，川出雅人：第 12 章，組込み顔認識技術とそのセキュリティ応用の可能性，トリケップス，2007 年 8 月
18) 木原，ほか：マビカシステム，テレビ学技報，**TEBS80-5**，pp.25-31（Mar. 1982）
19) W. A. Adcock：Electronic Still Picture Photography System, USP 4057830（Nov. 8, 1977）

20) 和久井:写真システムのエレクトロニクス化はどこまで可能か,日本写真学会誌, **43**, 2, pp.111-120 (Feb. 1980)
21) 東芝,富士写真フィルム新聞発表資料 (1989年3月23日)
22) 田中:電子スチルカメラの現状と展望,1989年テレビジョン学会全国大会, P1-16, pp.609-612 (July 1989)
23) 末高:液晶デジタルカメラ QV-10,テレビ学技報, **19**, 45, pp.13-14 (Oct. 1995)
24) 泉:デジタル一眼レフカメラの歴史と発展,映情学誌, **61**, 3, pp.266-270 (Mar. 2007)
25) 加藤:ディジタル一眼レフカメラ用 CMOS イメージセンサ,映情学誌, **61**, 3, pp.271-274 (Mar. 2007)
26) 芝崎:デジタルカメラの動向とブランド戦略-半導体技術の高度化と写真技術の融合-,映情学技報, **31**, 30, pp.15-17 (June 2007)
27) 池上通信機 放送用カメラパンフレット,2007年11月
28) 竹村,ほか:超小型 CCD カラーカメラ,東芝レビュー, **41**, 6, pp.539-541 (June 1986)
29) 東芝の超小型 CCD カラーカメラ,日経ハイテク情報 (1986年8月18日)
30) 田沼,ほか:超小型 CCD カラーカメラ,テレビ誌, **41**, 11, pp.1026-1032 (Nov. 1987)
31) 星:電子内視鏡,メディカルレビュー, **11**, 2, pp.44-50 (1987)
32) 伊藤:オプトエレクトロニクスと医療,通信学誌, **71**, 1, pp.28-31 (Jan. 1987)
33) 竹村:CCD 内視鏡とその微小化の動向,Coronary, **6**, pp.31-36 (Aug. 1989)
34) 郵政省:立体画像システムに関する調査研究報告書 (Apr. 1987)
35) 立体テレビ放送―「家なき子」と「オズの魔法使い」―,放送技術, pp.682-683 (Sep. 1977)
36) D. L. Symmer:3D Cinemas Slowest Revolution, American Cinematographer, **55**, 4, pp.406-409 (April 1974)
37) Y. Takemura, et al.:Stereoscopic Video Movie Camera using 300 k Pixel IT-CCD Sensors, IEEE Trans. Consumer Electronics, **37**, 1, pp.39-44 (Feb. 1991)
38) 濱崎:多眼式3次元映像表示,テレビ誌, **43**, 8, pp.768-775 (Aug. 1989)
39) 竹村:広ダイナミックレンジ技術と車載カメラへの課題,映情学技報, **31**, 50, pp.1-6 (Oct. 2007)

索引

【あ】
アイコノスコープ 38
アクティブ方式 165
暗電流 44

【い】
位相フィルタ 106
イメージオルシコン 38
色温度 96
色温度変換フィルタ 99
色感覚 90
色収差 84
色知覚 90
色フィルタアレイ
　　　32, 101, 103, 118
色分解プリズム 101
インタライン転送CCD 25
インタレース 6

【う】
埋込みホトダイオード
　　　31, 36, 42

【え】
エアリーディスク 81

【お】
オートフォーカス 164
オートホワイトバランス 167
オフセット調整 153
折返しひずみ 47
オンチップカラーフィルタ
　　　32

【か】
開口率 18
解像管 38
解像度 7
顔検出 172
加算読出し 57
可視光線 86
画素 4
画素ずらし 113
画像ひずみ 52
カラー撮像方式 110
感光面 78
感光面照度 78
完全放射体 96
完全放射体軌跡 92
感度 5
ガンマ 44
ガンマ補正回路 143

【き】
記憶色 87
基準白色 15
傷欠陥 137
輝度 89
輝度信号 10
球面収差 82

【く】
駆動波形 21
クランプ回路 142
クリスチャンセンフィルタ
　　　106
クロス補間 129
グローバルシャッタ方式 62

【け】
蛍光ランプ 99
原色フィルタ配列 118

【こ】
光学LPF（ローパスフィルタ）
　　　105
高輝度着色防止回路 152
口径食 79
光束 89
光束発散度 89
広ダイナミックレンジ技術
　　　69
光電変換 5, 53
光電変換特性 43
光度 89
高密度実装技術 173
固定パターンノイズ 44
コマ収差 83

【さ】
ザイデルの5収差 82
撮像レンズ 76
残像 46
3相駆動 21
3板式 110

【し】
シェージング 52
シェージング補正 148
色差順次方式 118
色差信号 10
軸上色収差 84
自動絞り 163
自動揺れ補正 169
自動露光 163
周波数インタリーブ方式 126
受像3原色 15
順次走査 6
焦点深度 85
照度 90

ショット雑音	49	電子スチルカメラ	174	フルフレームCCD	27
信号処理回路	140	電子内視鏡	185	ブルーミング	45
		転送	20	フレームインタライン転送CCD	28

【す】

水晶板 107
垂直偽色信号抑圧回路 150
垂直転送 53
垂直転送CCD 18
垂直補間 129
水平転送 53
水平補間 129
ストライプ方式 126
スミア 45
スムージング 129

【と】

同時式 110
等色関数 92
独立読出し 57
飛越し走査 6
トラッキング補正回路 151
トリミングフィルタ 112

【に】

ニースロープ 144
2相駆動 24
2板式カラーカメラ 127
ニポーの円盤 38

【の】

ノイズレベル 5

【は】

倍率色収差 84
白色ランプ 99
バースト信号 12
肌色検出 147
肌色補正 147
パッシブ方式 165
パンフォーカス 86

【ひ】

ビジコン 39
被写界深度 85
非点収差 83
標準光源 97
標準比視感度曲線 92

【ふ】

フレア補正 148
フィールド画像 6
フィールドシフト 26,53,56
フィールド読出し 57
副搬送波 11
ブースト周波数 142
プランビコン 39
フリッカ防止 60

フレーム画像 6
フレーム残像 59
フレーム転送CCD 28
フレーム読出し 57
プログレシブ 6
フローティングディフュージョンアンプ 134

【へ】

ベイヤー方式 123
変調度 8,50,80

【ほ】

飽和レベル 5
補色フィルタ配列 118
ポテンシャル井戸 19
ポテンシャルウェル 19
ホトダイオード 31
ホワイトクリップ 145

【ま】

マイクロカメラ 183
マイクロレンズ 32
マスキング補正 146

【め】

メディアンフィルタ 140
面順次式 110,125

【も】

モアレ 47

【や】

焼付き 52
山登りサーボ 166

【よ】

横型オーバフロー容量方式 71
4 TR 35
4相駆動 22
4板式カラーカメラ 127

【そ】

相関二重サンプリング回路 136
走査 6
像面湾曲 83

【た】

ダイクロイックプリズム 102
対数特性 70
ダイナミックレンジ 5,66
多層干渉膜 101
縦型オーバフロードレーン構造 32,45
単板式 110
断面構造 30

【ち】

蓄積 20
直角二重平衡変調 10

【て】

低彩度圧縮回路 153
ディストーション 83
適応型撮像方式 75
適応型処理 74
デジタルカメラ 175
デモザイキング 128
電位の井戸 19
電荷転送素子 39
電荷の検出 133
電子シャッタ 59

索　　　　引　　213

【ら】

ラインシフト	53
ラインセンサ	29
ラプラシアン	142
ランダムノイズ	49

【り】

理想撮像特性	16
理想レンズ	82
立体ビデオカメラ	186
リニア CCD	29
リニアマトリックス回路	145
輪郭信号	141
輪郭補正	141

【れ】

レンズの明るさ	77
レンチキュラ	106

【ろ】

ローリングシャッタ方式	62

【A】

ACPI 方式	131
AE	149, 163
AF	164
AGC	149
AI	163
aliasing	48
APS	34
AS	169
AWB	167
A 光源	97

【B】

B 光源	97

【C】

CCD	17
CCD 撮像デバイス	25
CDS 回路	136
CFA	101
CHBI 方式	132
CIE 色度図	92
CIE 表色系	90
CMOS センサ	17, 34
CTD	39
C 光源	97

【D】

DSP	34
D 光源	97

【E】

EFP	179
ENG	179

【F】

FDA	134
FF-CCD	27
fill factor	18
FIT-CCD	29
FPN	44, 48
FT-CCD	28
F 値	77

【H】

HDTV	9

【I】

IT-CCD	25

【L】

lp/mm	7
LVDS	150

【M】

MTF	8, 50, 80

【N】

n^+pn 構造	42

【P】

NTSC 方式	10
PAL 方式	13
PDP	7

【R】

Retinex 理論	154

【S】

SECAM 方式	13
SDTV	13

【T】

TV 本	7

【U】

UDTV	115

【V】

V-CCD	18
VOD	45
VOD 構造	32

【W】

WDR 技術	66
γ	44
Δ 配列	127

―― 著者略歴 ――

1962 年	早稲田大学第一理工学部電気通信学科卒業
1962 年	東京芝浦電気株式会社（現 株式会社東芝）中央研究所勤務
1976 年	工学博士（早稲田大学）
1976 年	株式会社東芝総合研究所主任研究員
1991 年	株式会社東芝 HD 事業推進部主幹
1994 年	電気通信大学非常勤講師
1994 年	IEEE Fellow
1994 年	東芝 AVE 株式会社勤務（現 東芝 DME 株式会社）
1997 年	東京工芸大学非常勤講師
2002 年	株式会社オクト映像研究所代表取締役
	現在に至る

CCD・CMOS カメラ技術入門
CCD・CMOS Camera Technologies　　　Ⓒ Yasuo Takemura 2008

2008 年 4 月 30 日　初版第 1 刷発行
2009 年 1 月 15 日　初版第 2 刷発行

検印省略	著　者	竹　村　裕　夫
	発行者	株式会社　コロナ社
		代表者　牛来辰巳
	印刷所	萩原印刷株式会社

112-0011　東京都文京区千石 4-46-10

発行所　株式会社　コロナ社
CORONA PUBLISHING CO., LTD.
Tokyo　Japan
振替 00140-8-14844・電話(03)3941-3131(代)
ホームページ　http://www.coronasha.co.jp

ISBN 978-4-339-00797-8　　（横尾）　（製本：愛千製本所）
Printed in Japan

無断複写・転載を禁ずる
落丁・乱丁本はお取替えいたします